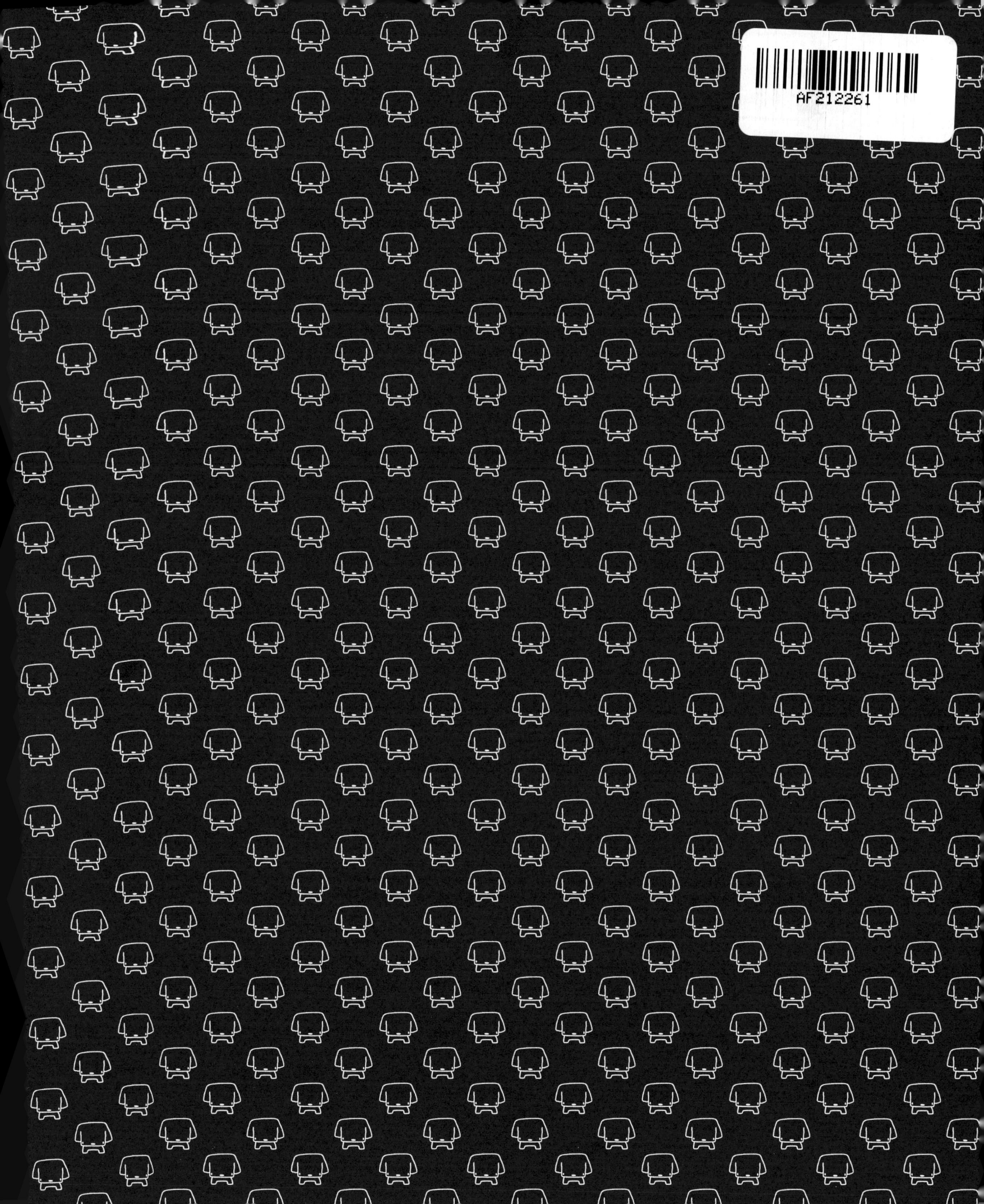

Viaje al infinito

Título original: *Voyage vers l'infini*

© Christophe Galfard
Derechos negociados a través de Greene & Heaton Limited.
Edición original publicada por Michel Lafon, 2023.
© de la traducción: Susana Cabañero, 2024
© de la edición: Blackie Books S.L.
Calle Església, 4-10
08024, Barcelona
www.blackiebooks.org
info@blackiebooks.org

Maquetación: David Anglès
Impresión: Liberdúplex
Impreso en España

Primera edición: noviembre de 2024
ISBN: 978-84-10025-17-2
Depósito legal: B 7340-2024

Christophe Galfard

Viaje al infinito

PRÓLOGO

Nuestros ojos nos hacen creer que somos capaces de detectar todo lo que nos rodea. Un sol que se oculta, una tierra oscura, las nubes, los árboles, las colinas.

Somos muy conscientes de que ciertos aspectos del mundo se nos escapan y generalmente lo atribuimos a una falta de visibilidad, a una ausencia de luz. Es raro pensar que lo invisible pueda ser luz, que esté en todas partes, que nos atraviese, que nos traspase, que llene la realidad tanto o más que lo que podemos ver.

Al pasar las páginas de este libro y retroceder en el tiempo hasta el nacimiento de las primeras estrellas, las primeras galaxias y los primeros agujeros negros, visitarás lugares hasta ahora inexplorados, lugares que acabamos de descubrir gracias a los telescopios que, a veces, no ven la misma luz que nuestros ojos.

Los detectores de lo invisible.

Para seguir sus descubrimientos, tendrás que explorar qué son la luz y lo invisible y comprender por qué una de las herramientas más increíbles jamás diseñadas por el ser humano, el telescopio James Webb, se ha enviado al espacio para observar lo que no podemos ver.

ÍNDICE

PREPARATIVOS

VER LO INVISIBLE

CÓMO SE DESCUBRIÓ LO INVISIBLE

A principios del siglo XIX, la naturaleza de la luz era un completo misterio, aunque no era inusual atribuir propiedades terapéuticas a los distintos colores. Destacados eruditos llegaron a pensar que si se mezclaban entre sí algunos de ellos podían curarse todo tipo de dolencias.

En aquella época, los medicamentos empezaban a causar menos muertes que las propias enfermedades y Newton ya había demostrado, aproximadamente un siglo antes, cómo predecir el movimiento de los planetas. Se palpaba un cierto entusiasmo. Todo indicaba que la humanidad estaba a punto de desentrañar los misterios más profundos de la naturaleza gracias a una disciplina incipiente llamada *Ciencia*. Con la luz como centro de esta revolución en ciernes, el objetivo era comprender sus propiedades y su potencial desde el punto de vista científico.

Newton había allanado el camino al demostrar que la luz blanca que nos llega del Sol es en realidad una mezcla de diferentes colores: al pasar a través de un prisma, la luz blanca se transformaba sistemáticamente en un arcoíris, siempre el mismo, y este arcoíris volvía a convertirse en luz blanca cuando se mezclaban sus colores.

Con esto en mente, el astrónomo William Herschel empezó a investigar las propiedades terapéuticas de los colores. Pero Herschel no era ningún desconocido. El 13 de marzo de 1781, al escudriñar el cielo con un telescopio que él mismo había construido, había descubierto el planeta Urano. Mientras se dedicaba a estudiar la luz, Herschel se dio cuenta de que esta tenía la capacidad de calentarnos la piel. Aunque eso ya lo sabía el común de los mortales. Solo que, a diferencia de la mayoría de la gente, a él le había parecido que no todas las luces tenían el mismo poder calorífico.

Como buen heredero de Newton, Herschel se armó de un prisma y un termómetro, creó un arcoíris y midió la temperatura de cada color. El violeta, en primer lugar, se encontraba más caliente que el aire del oscuro rincón de su laboratorio, como era de esperar. Pero el azul lo estaba aún más, por no hablar del verde y el amarillo, que lo estaban incluso más, y así hasta el rojo. La temperatura de la luz aumentaba visiblemente cuando se movía el termómetro desde el violeta hasta el rojo.

MÁS ALLÁ DEL ARCOÍRIS

Me gusta imaginarme a Herschel solo en su oscuro laboratorio atravesado por un único rayo de luz, preguntándose por lo que acababa de descubrir. Lo veo dando vueltas en la oscuridad, con la mano en la barbilla y la mente acelerada. También lo imagino mirando el termómetro sin cesar y deteniéndose de repente, sin creer a sus propios ojos. Durante el tiempo que había estado sumido en sus pensamientos, el Sol se había movido, el arcoíris se había desplazado y el termómetro, que había dejado encima del rojo, se encontraba ahora en la oscuridad, más allá del rojo. No había ya ningún color que lo iluminara y, sin embargo, indicaba una temperatura un grado superior a la del rojo. Incrédulo, Herschel puso la mano sobre la sombra y también lo sintió. Algo invisible le calentaba la mano, de la misma forma que la leña ardiente del hogar desprende calor por la noche, mucho después de que las brasas se hayan extinguido.

Corría el año 1800. Herschel acababa de descubrir la existencia de una luz que nuestros ojos no pueden percibir, pero que nuestros cuerpos sí pueden sentir, rayos de calor que se pueden desviar con un prisma y que se encuentran más allá del rojo del arcoíris. Hoy en día los llamamos *rayos infrarrojos* y sabemos que, al igual que la luz que perciben nuestros ojos, existen varios «colores» de estos rayos que denominamos *infrarrojos cercanos*, *medios* y *lejanos*, según estén cerca o lejos del rojo del arcoíris.

Un año después, en 1801, un científico llamado Johann Ritter se interesó por lo que ocurría en el otro extremo del arcoíris, más allá del violeta, pero esta vez la temperatura no indicaba nada. En cambio, el cloruro de plata sí. Esta es una sustancia que reacciona a la luz —es la base del papel fotográfico—

y Ritter observó que reaccionaba más allá del violeta aunque no lo iluminara ninguna luz visible. Si ponía la mano encima, no sentía una temperatura ni más baja ni más alta que cuando estaba en el violeta, pero la sombra de su mano aparecía en el papel. Si la retiraba, la sombra desaparecía.

A partir de este experimento, Ritter llegó a la conclusión de que existía una luz invisible más allá del violeta del arcoíris, una luz que podía proyectar una sombra. Hoy la llamamos *ultravioleta*.

Por lo tanto, en 1801, ya se conocían al menos tres tipos diferentes de radiación: la luz visible, compuesta por los colores del arcoíris; la infrarroja, más caliente que la roja, y la ultravioleta, que ennegrecía el papel fotográfico. Pero aún no se había encontrado ninguna relación entre ellas.

No fue hasta medio siglo después cuando un científico considerado por muchos uno de los mayores genios de todos los tiempos, a la altura de Isaac Newton y Albert Einstein, hizo un descubrimiento que cambiaría nuestras vidas para siempre.

Su nombre es James Clerk Maxwell.

Johann Ritter

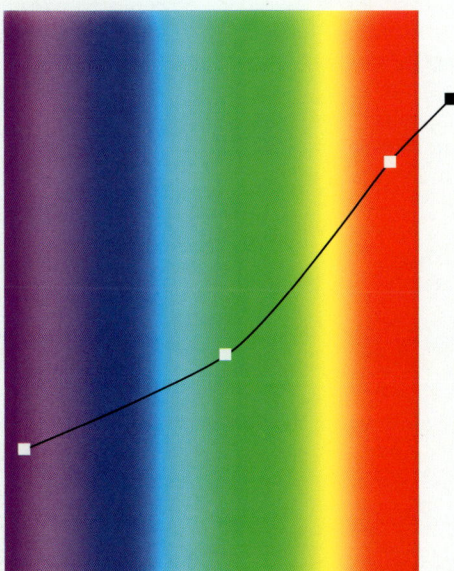

William Herschel

ENTENDER QUÉ ES LA LUZ

James Clerk Maxwell nació en Escocia en 1831 y murió cuarenta y ocho años después en Cambridge, Inglaterra.

La unión hace la fuerza

Los campos de investigación más populares en aquella época eran el estudio de dos fenómenos muy distintos: la electricidad y el magnetismo. Lo que convierte a Maxwell en uno de los mayores científicos de todos los tiempos es que comprendió que en realidad eran dos facetas de una misma fuerza, una fuerza hasta entonces desconocida que ahora llamamos *electromagnetismo*.

Maxwell es, por tanto, el descubridor del electromagnetismo. Resumió sus propiedades mediante ecuaciones matemáticas, cuya síntesis en cuatro ecuaciones aparece actualmente bajo su estatua en Edimburgo, Escocia, de la siguiente manera:

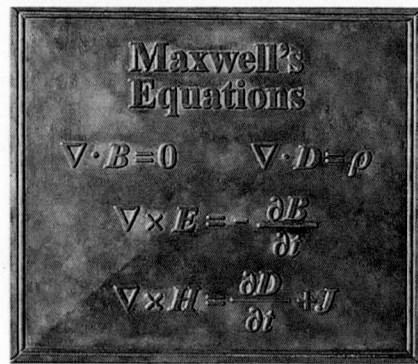

Si te parecen incomprensibles, es totalmente normal. Y no tiene ninguna importancia. Lo que sí que importa es que funcionan. Por breves que sean, estas ecuaciones unifican la luz visible, la infrarroja y la ultravioleta, al tiempo que predicen la existencia de incluso otras luces invisibles. Descubrir lo invisible no era el objetivo inicial de Maxwell, pero lo hizo.

Inicialmente, solo quería predecir el futuro. No con horóscopos ni cartas del tarot, sino con matemáticas.

Predecir el futuro

Newton había logrado exactamente eso con la gravedad: su ley de la gravitación universal le permitía predecir el movimiento de las lunas, los planetas y las estrellas, y determinar así sus posiciones en el cielo para los días, meses y años venideros. Incluso podía predecir la trayectoria de los proyectiles antes de que se lanzaran. La ley de Newton, universal, se aplicaba tanto en la Tierra como en el espacio y funcionaba. En todo momento. Siempre. Era casi mágico, y Maxwell quiso hacer lo mismo con la electricidad y el magnetismo. Quiso encontrar las leyes que los regían y eso es lo que logró al plantear sus ecuaciones.

Para que entendamos hasta qué punto su trabajo ha cambiado nuestras vidas, veamos lo que significa la tercera de estas ecuaciones: esta afirma que cualquier variación en el tiempo de un campo magnético genera un campo eléctrico. Este descubrimiento es la idea central que está detrás de todas las centrales eléctricas, ya sean nucleares, de carbón, eólicas o hidráulicas: la energía de una central siempre se utiliza para hacer girar un imán, lo que a su vez crea una corriente eléctrica. Después, basta con tirar un cable para llevar esta corriente hasta nuestras casas y que se enciendan las bombillas o funcione la tostadora. Un gran descubrimiento.

La aparición de una onda

Jugando con sus cuatro ecuaciones, Maxwell pronto se dio cuenta de que también podía determinar cómo se desplaza un campo eléctrico (E) de un lugar a otro: debía obedecer a la siguiente ecuación:

$$(\nabla^2 - 1/v^2\, \partial^2/\partial t^2)E = 0$$

No importa si esta ecuación también parece salir directamente de un idioma ignoto. Lo crucial es que Maxwell encontró exactamente la misma ecuación para el campo magnético (B):

$$(\nabla^2 - 1/v^2\, \partial^2/\partial t^2)B = 0$$

y que es idéntica a la forma en la que el sonido (S) se propaga en el aire:

$$(\nabla^2 - 1/v^2\, \partial^2/\partial t^2)S = 0$$

así como la forma en la que una ola (W) avanza sobre el agua:

$$(\nabla^2 - 1/v^2\, \partial^2/\partial t^2)W = 0$$

La forma de esta ecuación la conocen todos los científicos. Se denomina *ecuación de onda*. Aparece en casi todos los campos de la ciencia y siempre significa lo mismo: describe la propagación de una onda.

La velocidad de la luz

Maxwell acababa de predecir, matemáticamente, que la electricidad y el magnetismo eran en realidad una única onda doble, una onda electromagnética.

Para terminar de describirla, solo quedaba determinar la velocidad de desplazamiento de esta onda, la pequeña «v» que aparece en las ecuaciones anteriores.

La velocidad de una onda puede variar de un tipo de onda a otro, o de un medio a otro.

Para el sonido, por ejemplo, lo que cuenta es el medio: la velocidad del sonido es de unos 1000 km/h en el aire, algo más de 5000 km/h en el agua y 18 000 km/h en el aluminio.

La velocidad de las olas en la superficie del océano depende de varios factores, como la profundidad del agua y la altura de las propias olas (las más grandes viajan más rápido). Por lo general, su velocidad oscila entre los 10 y los 50 km/h.

Maxwell decidió medir él mismo la velocidad de las ondas electromagnéticas y se dio cuenta de que viajaban a la misma velocidad que la luz.

Y le pareció que no podía ser una coincidencia.

Acababa de descubrir que la luz que perciben nuestros ojos y que nos permite observar tanto el mundo que nos rodea como el espacio lejano no es otra cosa que una onda electromagnética.

¿QUÉ ES UN COLOR?

Ya sea sonora, líquida o electromagnética, una onda se caracteriza completamente en función de dos parámetros: la distancia entre dos crestas sucesivas, que se conoce como *longitud de onda*, y la altura de estas crestas, que se conoce como *amplitud*.

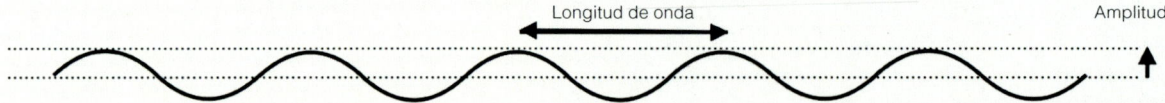

La amplitud nos da la intensidad de la onda. Pero es sobre todo la longitud de onda lo que más nos interesa, porque está relacionada con la energía que transporta la onda y, en el caso de las ondas electromagnéticas, la energía es el color. En un arcoíris, las ondas electromagnéticas se clasifican por orden de energía: el violeta tiene una longitud de onda más corta que el azul y, por tanto, transporta más energía que este. A su vez, el azul es más energético que el verde, que lo es más que el amarillo, y así sucesivamente hasta el rojo.

La longitud de onda del violeta es de aproximadamente 380 nanómetros. La del rojo es casi el doble, unos 700 nanómetros.

Para entender lo que representan estas distancias, tomemos este guion: -. Tiene un milímetro de largo. Divídelo mentalmente en un millón de partes iguales. Un nanómetro es una de esas partes. Es muy pequeño.

380 nanómetros, o incluso 700, siguen siendo muy pequeños, pero nuestros ojos pueden detectar estas longitudes de onda. Cuando una de ellas incide en nuestra retina, se envía una señal al nervio óptico, que la transmite al cerebro y este la transforma en un color. Gracias a este proceso vemos el mundo en color. Es bastante impresionante. No obstante, plantea un interrogante: si todos los colores del arcoíris tienen longitudes de onda precisas, ¿qué hay más allá? ¿Qué sucede si comprimimos un poco el violeta o estiramos un poco el rojo?

Maxwell analizó el problema y en 1864 predijo que debían de existir ondas electromagnéticas a ambos lados del arcoíris distintas de las que perciben nuestros ojos.

Y estaba en lo cierto.

Los trabajos de Maxwell confirmaron que los rayos invisibles de Herschel, esos rayos infrarrojos que calentaban los termómetros, eran efectivamente ondas electromagnéticas.

A mayor distancia todavía del rojo, Heinrich Hertz encontró microondas y ondas de radio cuyas crestas pueden estar separadas varios kilómetros, lo que les permite atravesar paredes, y gracias a ello nuestros abuelos pudieron escuchar la radio desde sus casas y nosotros disponer de wifi, 4G y 5G, incluso en el interior de los edificios.

Al otro lado del arcoíris, más allá del violeta, también se identificaron rápidamente otras ondas, más energéticas que el violeta. Primero fueron los rayos ultravioleta de Ritter y luego los rayos X, que Wilhelm Röntgen descubrió en 1895, por lo que recibió el primer Premio Nobel de Física en 1901.

Los más energéticos de todos, los rayos gamma, fueron descubiertos por el físico francés Paul Villard en 1900.

VER LAS FLORES Y VER EL UNIVERSO

Nuestros ojos son sensores de ondas electromagnéticas especializados en detectar los colores del arcoíris. Otros ojos distintos a los nuestros son capaces de ver un poco más allá. Algunas aves y peces, por ejemplo, ven en el ultravioleta, al igual que las mariposas y las abejas. Ciertas serpientes ven en el infrarrojo, como los mosquitos, que detectan la luz que emiten los cuerpos calientes y pueden encontrarnos incluso en lo que a nosotros nos parece una oscuridad total.

Los mosquitos son resistentes, pero nosotros somos la única especie conocida que ha descubierto que existen otras luces además de las que detectan nuestros ojos. Incluso las hemos captado, lo que nos convierte en la única especie que puede ver lo que le es invisible.

Gracias a ello hemos podido averiguar qué hace que unos objetos brillen y otros no, y al hacerlo, hemos descubierto el origen de los colores.

Las flores, por ejemplo, desaparecen en la oscuridad. No emiten luz visible por sí mismas. Pero, entonces, ¿por qué una flor es azul y otra amarilla o roja? ¿De dónde vienen esos colores que nos rodean y que perciben nuestros ojos?

Aunque resulte sorprendente, la respuesta a esta pregunta es lo que nos ha convencido de que la materia que vemos lejos en el universo es similar a la que existe en la Tierra, que no hay una separación natural entre nuestro mundo y el resto del cosmos. Al parecer, todo el universo está formado por los mismos ingredientes. Entonces, ¿por qué iba a ser la Tierra diferente del resto del universo?

Esta constatación puede parecer obvia, pero en realidad no lo es en absoluto. De hecho, muchos de nuestros antepasados pensaban exactamente lo contrario, que habitábamos un lugar

especial en el cosmos, una isla hecha solo para nosotros, donde se aplicaban leyes especiales, calibradas, diferentes de las que podrían aplicarse en otros lugares.

Con su ley de la gravitación universal, Newton fue el primero en sugerir que no estábamos en un lugar especial. Al ser universal, su ley debía poder aplicarse en todas partes, no solo en la Tierra, y por increíble que parezca, funcionaba.

Pero ¿significaba eso que la materia lejana que experimenta la gravitación de Newton, la materia que compone las estrellas y los demás planetas, era la misma que la que encontramos en la Tierra? No necesariamente. Para responder a esta pregunta, ya no solo había que comprender qué era la gravedad o la luz, sino lo que vinculaba la luz con la materia.

¿DE DÓNDE VIENEN LOS COLORES DEL ESPACIO?

Toda la materia que conocemos está formada por átomos. Para entender el origen de los colores y por qué distintos objetos tienen colores diferentes, necesitamos entender dos cosas: qué son los átomos y cómo interactúan con la luz. Esta doble proeza se consiguió a principios del siglo xx.

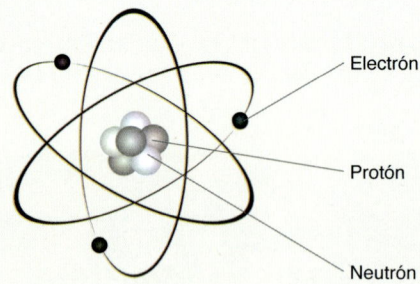

Electrón

Protón

Neutrón

Un *átomo* es un núcleo formado por protones y neutrones, descubiertos por Ernest Rutherford y James Chadwick respectivamente, alrededor del cual giran pequeñas cargas eléctricas negativas llamadas *electrones*, descubiertas por Joseph Thomson. Rutherford, Chadwick y Thomson fueron galardonados con sendos premios Nobel.

El núcleo del átomo más pequeño está formado por un único protón, alrededor del cual gira un solo electrón. Es el átomo de hidrógeno. No puede ser más sencillo.

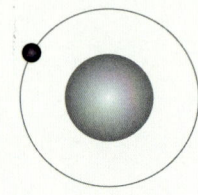

Luz y electrones

Sin embargo, a principios del siglo xx, los científicos se dieron cuenta de que experimentalmente era imposible colocar el electrón de un átomo de hidrógeno donde se quisiera. Su distancia al protón sí podía variar, pero solo por niveles, en saltos. No de forma continua. Y para que se produjera un salto de una trayectoria a otra, había que darle exactamente la cantidad adecuada de energía. Un poco más o un poco menos y el electrón no se movía.

Quizás aún más extraño, los experimentos demostraron de forma inequívoca que cuando iluminaban el electrón de un átomo de hidrógeno con rayos de luz, solo absorbía aquellos que tenían la energía que necesitaba para cambiar de posición y ninguno más.

Los electrones que habían absorbido un rayo se encontraban entonces en un estado que se conoce como *excitado*, en el cual permanecían durante un tiempo antes de volver a su estado inicial, lo que hacían emitiendo a su vez un rayo igual al que habían absorbido.

Con este hallazgo, los científicos acababan de descubrir cómo interactuaba la materia con la luz: para cambiar de posición alrededor de su núcleo, los electrones absorben y emiten rayos de luz, es decir, ondas electromagnéticas.

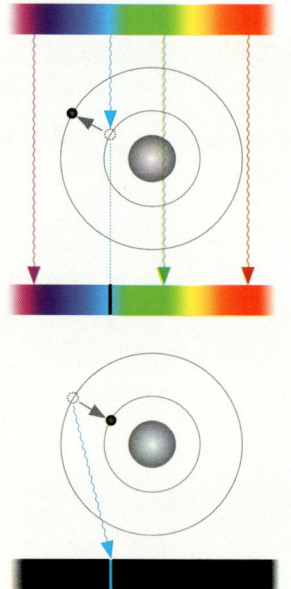

Iluminado por todos los colores de un arcoíris, el electrón de un átomo de hidrógeno absorbe un rayo y cambia su trayectoria. Detrás del átomo, el rayo absorbido desaparece del arcoíris.

Un instante después, sumido en la oscuridad, el electrón emite esa misma luz y vuelve a su estado inicial.

En la práctica, el electrón de un átomo de hidrógeno puede absorber muchas luces diferentes, porque aunque solo hay un electrón, existen muchas trayectorias posibles y, por tanto, muchos saltos posibles.
Aquí se muestran todas las luces visibles que puede absorber el electrón del hidrógeno. Puede absorber aún más, pero son luces invisibles, están más allá del violeta o del rojo.

Sumergido en la oscuridad, un gas formado por miles de millones de átomos de hidrógeno volverá a emitir todas las luces que haya absorbido, correspondientes a todas las energías de los posibles saltos de los electrones.

El origen de los colores

Todos los electrones del universo son perfectamente idénticos entre sí. Lo único que los diferencia es el átomo o la molécula a la que pertenecen, ya que las energías correspondientes a los saltos que pueden realizar difieren de un átomo o una molécula a otro. Los electrones del hierro, por ejemplo, no absorberán ni emitirán los mismos rayos que los del hidrógeno, el carbono, el oxígeno o el agua. Por eso no todos los objetos tienen el mismo color. Una hoja verde, un líquido rojo o un mineral amarillo no están hechos de los mismos elementos. Sus electrones absorben y emiten colores diferentes.

Lo extraordinario, y lo que hace que las ecuaciones de Maxwell sean tan universales como las de Newton, es que dos átomos o moléculas idénticos siempre absorberán y emitirán los mismos rayos de luz en cualquier lugar del universo. Este descubrimiento es el que hoy nos permite determinar la composición de las estrellas lejanas con solo observarlas, sin tener que desplazarnos hasta allí.

El conjunto de todas las ondas que un átomo puede absorber por medio de sus electrones se llama *espectro de absorción*, y el conjunto de todas las ondas que puede emitir, también por medio de sus electrones, es su *espectro de emisión*. Desde hace casi un siglo, los científicos han estado elaborando una lista de todos los espectros de todos los átomos y todas las moléculas conocidos, pero hay tantos que la lista dista mucho de estar completa.

En el caso del átomo de hidrógeno, los espectros de absorción y emisión son relativamente sencillos, ya que el hidrógeno solo tiene un electrón. Sin embargo, en cuanto los átomos contienen muchos electrones (el hierro, por ejemplo, tiene veintiséis), o cuando hablamos de moléculas formadas por muchos átomos, todo se vuelve mucho más complicado: el número de saltos permitidos puede llegar a ser colosal, lo que aumenta considerablemente la cantidad posible de energías absorbidas o emitidas. En todos los casos, los espectros son como las huellas dactilares: son únicos y pertenecen a un solo elemento, ya sea átomo o molécula.

Como recordatorio, una *molécula* es un grupo de átomos que se mantienen unidos porque comparten sus electrones.

Tanto en la Tierra como en el espacio, la materia está generalmente compuesta por una mezcla de muchos átomos diferentes. Por tanto, recoger su luz significa recoger al mismo tiempo la luz emitida por todos los electrones de todos sus átomos y moléculas. Al encontrar en sus espectros las líneas de átomos o moléculas conocidos, los científicos pueden determinar la composición de las fuentes de las que proceden.

Para confirmar o refutar algunas de sus teorías, así es como también buscan los científicos en el espacio espectros específicos. Es precisamente el caso de una molécula particular llamada *catión metilo*. Está formada por tres átomos de hidrógeno unidos a un átomo de carbono. Los científicos llevan buscando su rastro cósmico desde la década de 1970, ya que consideran que es necesaria para la formación de moléculas más complejas esenciales para la vida tal y como la conocemos. Es una especie de eslabón perdido porque, aunque es una molécula muy importante, resulta imposible de encontrar. O mejor dicho, lo resultaba, porque su espectro fue detectado por el telescopio James Webb el 26 de junio de 2023 en una nube especial que descubrirás al final de tu viaje.

Al descomponer la luz blanca del Sol con su prisma, Newton había abierto un campo de investigación de una riqueza que jamás habría podido imaginar.

Pero si hubiera tenido un prisma más sofisticado que el suyo y una pantalla sobre la que proyectar su arcoíris, seguramente se habría dado cuenta de que siempre faltan algunos colores, los mismos en todos los casos. Quizás entonces habría comprendido que son precisamente esos colores que faltan los que nos permiten descifrar la composición de las estrellas.

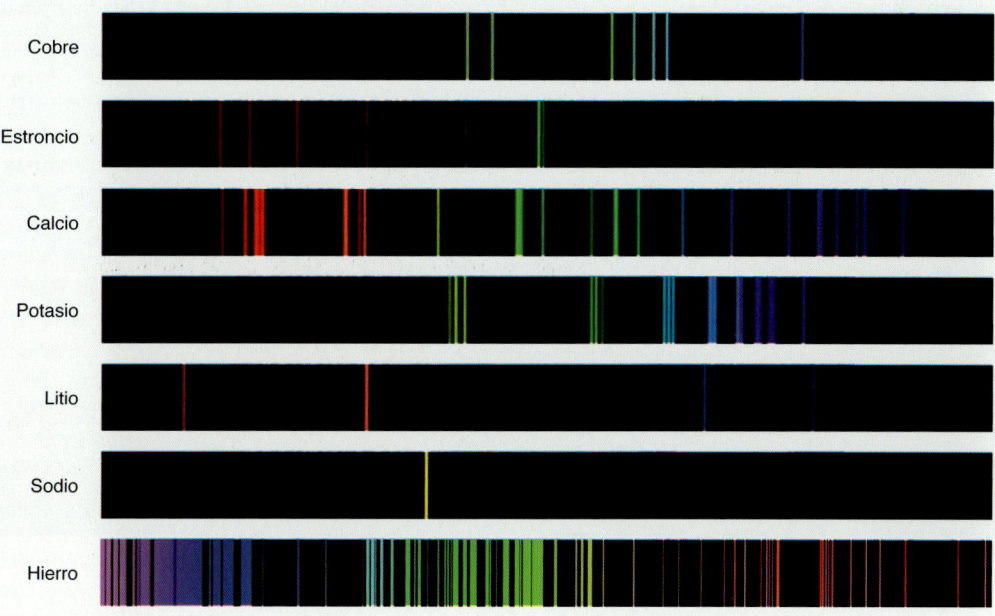

15

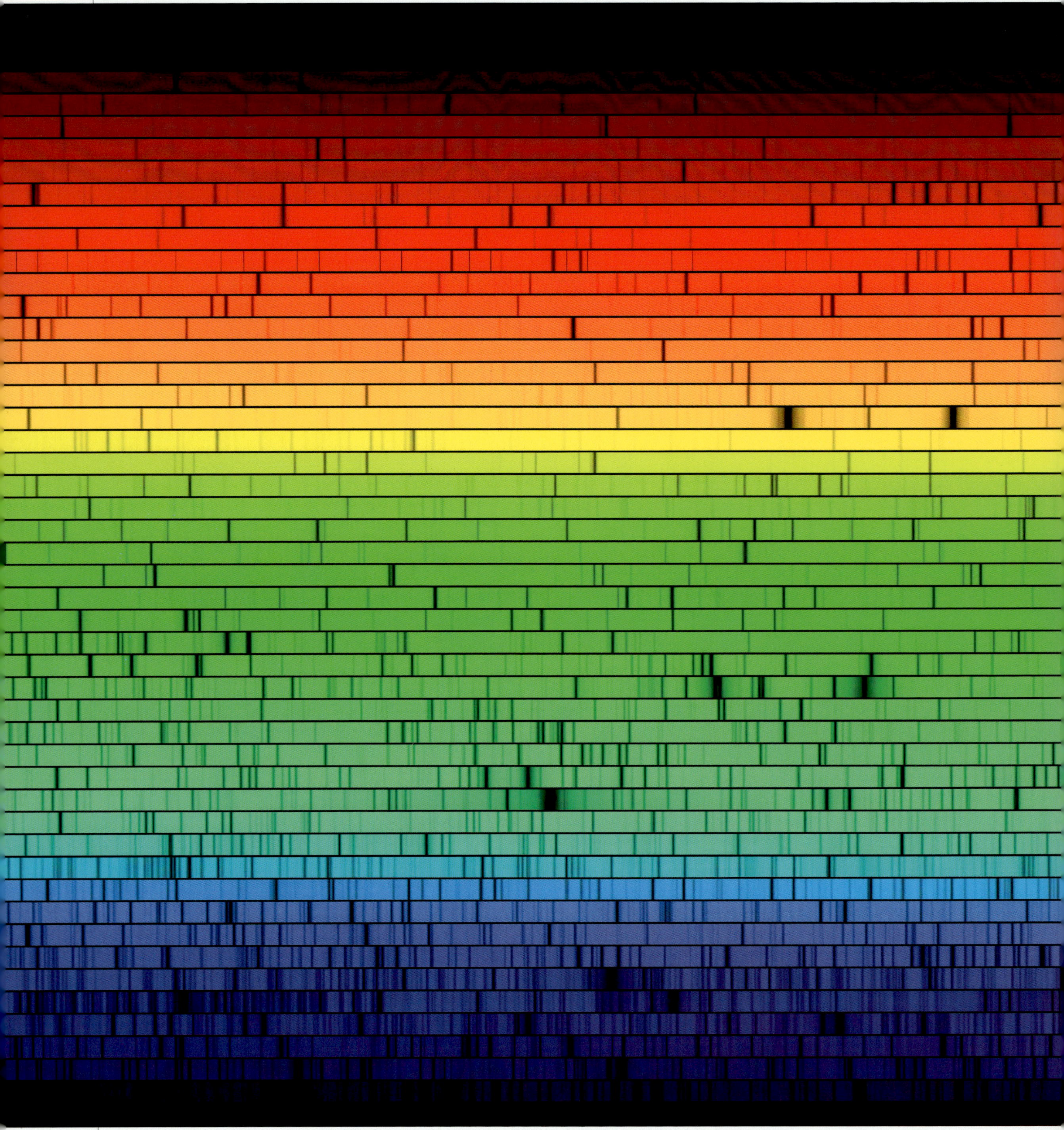

LOS COLORES QUE LE FALTAN AL SOL

Los arcoíris que vemos en el cielo después de la lluvia en realidad nunca están completos del todo. Siempre les faltan los colores correspondientes a los rayos absorbidos por los electrones de la materia que se encuentra en la superficie o en la atmósfera del Sol. Nuestros ojos no son lo suficientemente sensibles como para ver estos rayos ausentes, pero nuestros detectores sí. Aparecen como líneas negras en el arcoíris de esta doble página, que no es otra cosa que la parte visible del espectro de absorción del Sol.

Al reconocer la parte visible del espectro de átomos o moléculas conocidos, es posible determinar la composición del Sol.

Aquí se ve, por ejemplo, el espectro del átomo de hidrógeno, al igual que los de los átomos de hierro, sodio y calcio, pero también hay líneas que no se han identificado todavía, luz absorbida por los elementos que contiene el Sol y que por ahora nos resultan desconocidos.

Tanto si se trata de un paisaje terrestre como de lunas, planetas o estrellas lejanas, todo lo que el ser humano ha podido observar con sus ojos desde los albores de la humanidad ha sido gracias a los colores comprendidos entre el rojo y el violeta del espectro del Sol. Esta es la luz que se conoce colectivamente como *luz visible*.

Sabemos desde Herschel, Ritter y Maxwell que existen otras luces distintas de la luz visible, ondas electromagnéticas cuyas energías no pueden percibir nuestros ojos. Estas luces tienen una energía diferente a la de la luz visible. Algunas, como los rayos X, penetran en nuestra piel. Otras, como las ondas de radio, atraviesan las paredes de las casas, y hay algunas, como las microondas, que pueden hervir agua en cuestión de segundos. Pero todas interactúan con la materia de una forma u otra. Captarlas y traducir la información que contienen en luz visible nos permitiría, teóricamente, ver la Tierra, el cielo y el espacio con unos ojos por completo diferentes.

Desafortunadamente, la mayoría de estas luces invisibles nunca llegan a alcanzar la superficie de nuestro mundo. Las bloquea nuestra atmósfera, donde son absorbidas por partículas. Para detectarlas, es necesario ir al espacio y precisamente por eso se han colocado numerosos telescopios en órbita alrededor de la Tierra, o incluso más lejos, como es el caso del telescopio espacial James Webb.

POR QUÉ ENVIAR TELESCOPIOS AL ESPACIO

La capacidad de un objeto o de un gas para bloquear el paso de la luz se denomina *opacidad*. En la imagen contigua se resumen las principales familias de ondas electromagnéticas, así como la opacidad de la atmósfera terrestre para cada una de ellas. Una opacidad del 100 % significa que no penetra nada. Es el caso de los rayos gamma, los rayos X, la mayor parte de los rayos ultravioleta y las ondas de radio muy largas.

El cielo solo es completamente transparente (la opacidad es del 0 %) para determinadas microondas y las ondas de radio cortas. Por eso hemos construido inmensos radiotelescopios en la superficie de la Tierra, como el FAST, en China. Para la luz visible, la opacidad es intermedia, lo que nos permite ver lo que nos rodea y construir, también en este caso, telescopios en la Tierra. Pero son más eficaces en lugares elevados, en lo alto de las montañas, como es el caso del Telescopio Muy Grande (VLT, siglas del inglés 'Very Large Telescope') del Observatorio Europeo Austral, en Chile. En cualquier caso, por regla general, para todas las ondas, no hay nada como el espacio, porque allí no les afecta ninguna onda de origen humano. En el espacio se encuentran los telescopios Chandra (para los rayos X), Hubble (para una parte del ultravioleta, la luz visible y una parte del infrarrojo cercano), Webb (para el infrarrojo cercano y medio), Spitzer (también para el infrarrojo) y Planck (para las microondas). Hay muchos más, pero a lo largo de este libro verás principalmente las imágenes de estos telescopios.

A cada onda electromagnética le corresponde una energía y, por tanto, una temperatura. Las ondas más energéticas (rayos gamma y rayos X) solo las pueden emitir los fenómenos más extremos, mientras que las más débiles (microondas y radio) las puede emitir casi cualquier cosa.

Algunas fuentes conocidas de las diferentes ondas electromagnéticas

FUENTES DE RAYOS GAMMA
Regiones en torno a agujeros negros activos. Cuásares. Estrellas de neutrones. Explosiones de supernova. Púlsares.

FUENTES DE RAYOS X
Regiones en torno a agujeros negros activos. Cuásares. Restos de explosiones de supernovas. Estrellas que orbitan alrededor de un agujero negro o de una estrella de neutrones.

FUENTES DE RAYOS ULTRAVIOLETAS
Estrellas (especialmente las masivas). Regiones en torno a agujeros negros activos.

FUENTES DE LUZ VISIBLE
Estrellas. Nubes cósmicas. Planetas (a través de la luz de su estrella).

FUENTES DE INFRARROJOS
Estrellas (especialmente las pequeñas). Polvo interestelar e interplanetario.

FUENTES DE MICROONDAS
La radiación de fondo del universo (lo verás en la página 166). El polvo cósmico. Las nubes moleculares. Las regiones en torno a los agujeros negros.

FUENTES DE ONDAS DE RADIO
Casi todo. Pero cuanto más energética es la fuente, más intensa es la radiación. Átomos de hidrógeno. Remanentes de supernovas.

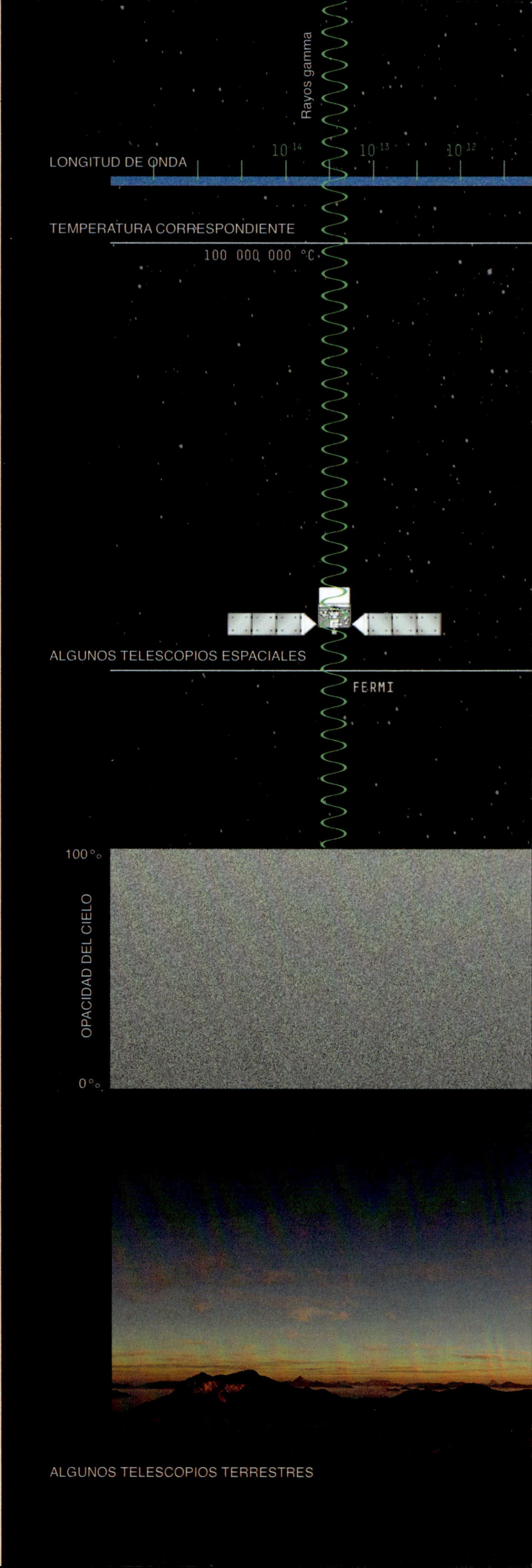

Rayos gamma

LONGITUD DE ONDA

10^{-14} 10^{-13} 10^{-12}

TEMPERATURA CORRESPONDIENTE

100 000 000 °C

ALGUNOS TELESCOPIOS ESPACIALES

FERMI

100 %

OPACIDAD DEL CIELO

0 %

ALGUNOS TELESCOPIOS TERRESTRES

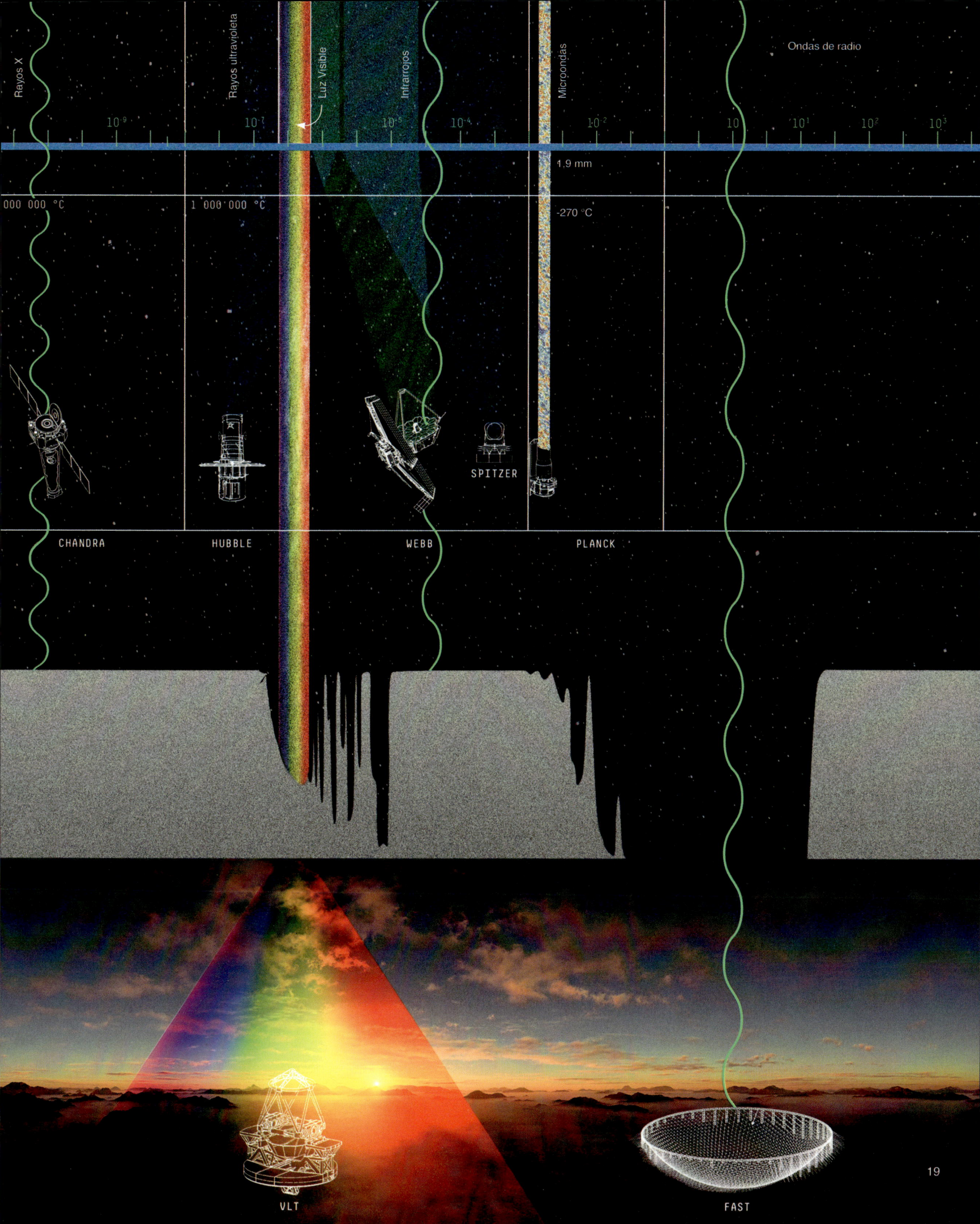

Rayos X

Rayos ultravioleta

Luz Visible

Infrarrojos

Microondas

Ondas de radio

10^{-9} 10^{-7} 10^{-5} 10^{-4} 10^{-2} 10 10^{1} 10^{2} 10^{3}

1,9 mm

000 000 °C 1 000 000 °C -270 °C

SPITZER

CHANDRA HUBBLE WEBB PLANCK

VLT FAST

19

EL TELESCOPIO JAMES WEBB

El telescopio espacial James Webb no ve la luz visible. Observa el universo en el infrarrojo cercano y medio. No ve nuestro arcoíris, tiene el suyo propio, invisible para nosotros, que comienza más allá de nuestro color rojo.

Estas son las cuatro razones por las que se han elegido los infrarrojos para el mayor y más potente telescopio que jamás se haya enviado al espacio.

La primera es que, al igual que las ondas de radio pueden atravesar las paredes, las ondas infrarrojas pueden atravesar muchas nubes cósmicas. Al captar la luz infrarroja, el Webb es capaz de recoger la luz emitida por objetos que hasta ahora estaban ocultos por polvo o gas, lo que le permite acercarse lo máximo posible a estrellas y planetas en formación, así como a agujeros negros.

La segunda razón es que, cuando las estrellas son jóvenes, emiten energía que hace que las nubes circundantes brillen en el infrarrojo. Al captar la radiación infrarroja, el Webb puede ver directamente estas nubes y determinar su composición, algo que antes era imposible.

La tercera razón es quizá más sorprendente: en el espacio hay imágenes que proceden de pasados tan lejanos que su luz, que era visible hace mucho tiempo, ya no lo es hoy en día porque se ha vuelto infrarroja. El Hubble es capaz de captar parte de esta radiación, pero es incomparablemente menos sensible que el Webb, que nos permite ver lo que nunca antes se había visto.

La cuarta razón es casi demasiado bonita para ser cierta: muchas de las moléculas que podrían estar presentes en la atmósfera de planetas lejanos (los exoplanetas) solo pueden detectarse con infrarrojos. Al captarlos, el Webb puede, por primera vez, ayudarnos a determinar la composición de cielos lejanos y posiblemente reconocer las firmas indirectas de la presencia de vida.

¡Y ya está!

Con esto, estás preparado para salir a descubrir el universo tal y como lo conocemos hoy.

NUESTRA VECINDAD GALÁCTICA

Lo invisible parece existir solo en la oscuridad, pero está ahí permanentemente, tengamos los ojos abiertos o no, sea de día o de noche. La luz visible nos da solo la ilusión de su inexistencia.

El Sol se pone frente a ti.

Cae la noche.

La sombra de la Tierra te envuelve lentamente y el cielo se torna transparente a tus ojos.

Te encuentras en mitad del desierto.

Un cielo inmenso se abre sobre ti.

VER A TRAVÉS DE LA SOMBRA DE LA TIERRA

Caminas de duna en duna, fascinado por el cielo y la tierra, por el aire y la arena que parecen encontrarse a la altura de las estrellas. No hay luna, pero puedes ver con bastante claridad. Un viento seco, calentado por el suelo, sopla sobre tu piel. Tus labios están secos. Te detienes para beber un poco de agua, ese líquido que aquí vale más que el oro.

Al bajar la vista para guardar tu cantimplora, de repente te preguntas cómo se verá el otro lado del mundo en este preciso momento.

¿Estará quizás el cielo azul, a 13 000 kilómetros bajo tus pies? ¿O tal vez esté cubierto de nubes y llueva? Además, es probable que el suelo no sea sólido. Tres cuartas partes de la superficie de la Tierra están cubiertas de agua, es muy posible que sea el océano.

Lo único de lo que puedes estar seguro es que allí es de día porque donde te encuentras, el Sol, oculto por la Tierra, ya no está. Te hallas en la sombra de la Tierra, una sombra a la que hemos dado un nombre especial. La hemos llamado *noche*.

Levantas la vista hacia esa sombra, hacia la noche, y contemplas la banda blanca que cruza el cielo. Recuerdas haberla visto a menudo en tus viajes, desde el campo, la costa o la montaña, lejos de las ciudades y de la iluminación artificial. Esta banda de un blanco difuso y salpicada de zonas oscuras es visible en todas las noches del mundo. También conoces su nombre, sabes que se llama la Vía Láctea.

Medio soñando, cierras los ojos un momento para intentar, en tu mente, hacer desaparecer la Tierra por completo y ver la totalidad del espacio, ese espacio en el que flota nuestro mundo.

¿Qué se vería si se pudiera verlo todo, si el Sol no fuera tan cegador, si la Tierra fuera transparente? La pregunta da vértigo. Te imaginas la Vía Láctea cruzando todo el cielo, rodeando la Tierra, y lo imaginas tan claramente que cuando vuelves a abrir los ojos, la Tierra ha desaparecido por completo. Estás en el espacio. Flotas en medio de la nada.

A tu alrededor, las estrellas brillan. Sin titilar.

Son los movimientos del aire en el cielo los que hacían temblar su luz, pero aquí, sin Tierra ni atmósfera, permanecen inmóviles. Te rodea la negrura del espacio y la quieta y fría luz de las estrellas lejanas.

La Vía Láctea sigue ahí y forma un anillo a tu alrededor.

Levantas los brazos, como para saludar a la inmensidad de la realidad.

El paisaje cósmico sin Tierra, sin Luna, sin Sol, es sobrecogedor. Y la Vía Láctea, majestuosa.

LA VÍA LÁCTEA, VISTA DESDE LA TIERRA

Esta doble página es una panorámica formada por un mosaico de miles de fotografías tomadas por el satélite espacial europeo Gaia. Son, por tanto, imágenes reales. Es así como se ve la Vía Láctea desde la Tierra.

Nuestros antepasados pensaban que la Vía Láctea constituía la totalidad de nuestro universo, pero hoy sabemos
que el universo es mucho más grande, inimaginablemen-
te más grande incluso. Para comprobarlo por ti mismo,
decides alejarte un poco para ver cómo es la Vía Láctea
desde el exterior.

El sol

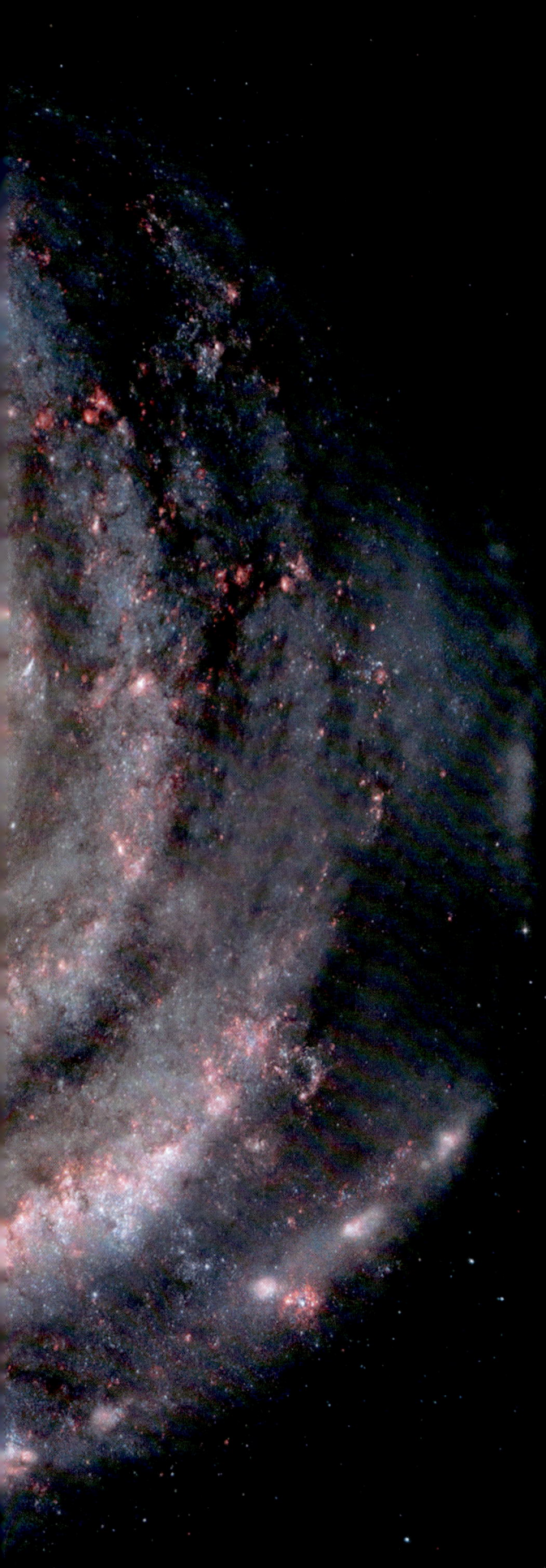

LA VÍA LÁCTEA, VISTA DESDE ARRIBA

A bordo del cohete más rápido construido por el ser humano, habrías tenido que viajar unos 10 millones de años para poder contemplar la Vía Láctea de esta manera.

El anillo que rodeaba a la Tierra se ha convertido en un disco, con brazos espirales y un núcleo luminoso. Es una agrupación de varios cientos de miles de millones de estrellas, a la que llamamos *galaxia*. El Sol no es más que una de esas estrellas, un punto diminuto que podrías buscar en vano en esta imagen durante vidas enteras si no supieras dónde está. Por no mencionar la Tierra que, cerca de él, es aún más pequeña. Su ubicación se indica con una flecha. El círculo, por otro lado, señala el límite de lo que nuestros ojos pueden ver de noche. Con algunas excepciones, muestra la totalidad del universo al que nuestros antepasados tenían acceso a simple vista. Resulta fácil entender por qué no podían saber que vivimos en una galaxia, y mucho menos que había otras. Muchas otras. Miles de millones más.

En la inmensidad del universo, la Vía Láctea es nuestra isla y es desde su interior, desde las proximidades de una estrella bastante ordinaria, desde donde vas a salir a explorar el cosmos.

Tu viaje de descubrimiento, a lo largo de este libro, se desarrollará en varias etapas.

En primer lugar, te alejarás de la Vía Láctea y viajarás por el universo hasta el límite de lo que llamamos *espacio cercano*, que se encuentra a unos 500 millones de años luz de distancia.

Durante el camino mirarás al espacio con unos ojos nuevos, los ojos de los telescopios más potentes que se hayan construido nunca, incluidos los telescopios espaciales Hubble y Webb.

Para ir aún más lejos, e intentar alcanzar el límite mismo del cosmos, volverás a la Tierra para utilizar todas las herramientas de las que dispone la humanidad en la actualidad.

Descubrirás que el universo tiene una historia e intentarás descifrarla gracias a las imágenes obtenidas en los últimos años y los últimos meses. Verás evolucionar las primeras estrellas y las primeras galaxias, y descubrirás que existe una extraña materia invisible que nos rodea por todas partes.

Finalmente, para terminar tu viaje, te centrarás en la Vía Láctea. Allí, rodeado de una belleza casi irreal, intentarás comprender la historia no ya de todo el universo, sino del Sol y de nuestro propio mundo.

La mayoría de estos sitios increíbles ya están en esta imagen de la izquierda, pero aún no puedes verlos. Aparecerán más adelante, cuando hayas aprendido a reconocerlos.

MÁS ALLÁ DE LAS ESTRELLAS

Todas las estrellas visibles a simple vista desde la Tierra se encuentran dentro del círculo de la página anterior, pero también hay un puñado de otros cuerpos celestes, mucho más lejanos, que igualmente podemos ver sin ayuda. Nuestros antepasados ya se habían fijado en ellos mucho antes de que se inventaran los telescopios.

En esta fotografía tomada desde el Observatorio Europeo Austral, en Chile, aparecen tres de ellos. Tres objetos que no forman parte de la Vía Láctea. Se les ha llamado la Pequeña Nube de Magallanes, la Gran Nube de Magallanes y la galaxia enana de Carina.

Las nubes de Magallanes deben su nombre al explorador Fernando de Magallanes, quien, al igual que muchos otros navegantes, las utilizó para orientarse durante la noche mientras navegaba por océanos desconocidos. Ni él ni sus sucesores sabían entonces que estas nubes, como la de Carina, eran galaxias. Galaxias enanas, de hecho, porque aunque son agrupaciones de algunos miles de millones de estrellas, son casi cien veces más pequeñas que galaxias como la Vía Láctea.

Tras dudarlo un momento, decides visitar la más cercana de las tres, la Gran Nube de Magallanes.

LAS GALAXIAS SATÉLITES

Esta fotografía se tomó desde la Tierra justo después de que te fueras. Probablemente estés por ahí en algún lugar de la imagen, pero eres demasiado pequeño y estás demasiado lejos como para que nadie te vea. La Gran Nube de Magallanes está abajo a la izquierda, la Pequeña arriba a la derecha. La Carina es la mancha brillante situada justo a la derecha de la Pequeña Nube.

Los pequeños puntos blancos que salpican esta imagen son estrellas que pertenecen a nuestra galaxia, la Vía Láctea. Desde donde estás ahora, surcando el espacio hacia la Gran Nube, no puedes verlas. Has salido de nuestra galaxia, algo que ningún ser humano ni objeto creado por nuestra mano ha hecho jamás.

Ves aparecer las nubes de Magallanes y la Carina más o menos como aquí, flotando en la oscuridad. Solo algunas fuentes de luz lejanas, apenas visibles a tus ojos, parecen existir más allá.

LA GRAN NUBE DE MAGALLANES

Debido a su proximidad, la Gran Nube de Magallanes es relativamente fácil de observar desde la Tierra. Varias generaciones de astrónomos ya han contribuido a cartografiarla, como puedes ver en la página siguiente.

La mayoría de los objetos celestes que se encuentran allí tienen un nombre que está formado por un código, en este caso NGC o N o SL, seguido de un número. Estas letras corresponden a los catálogos astronómicos en los que aparecen. Existen cientos de ellos, pero la mayoría de los objetos celestes que visitarás en este libro pertenecen a tres: NGC, que significa 'Nuevo Catálogo General'; M, de 'Messier'; y Arp, que recoge los objetos especiales.

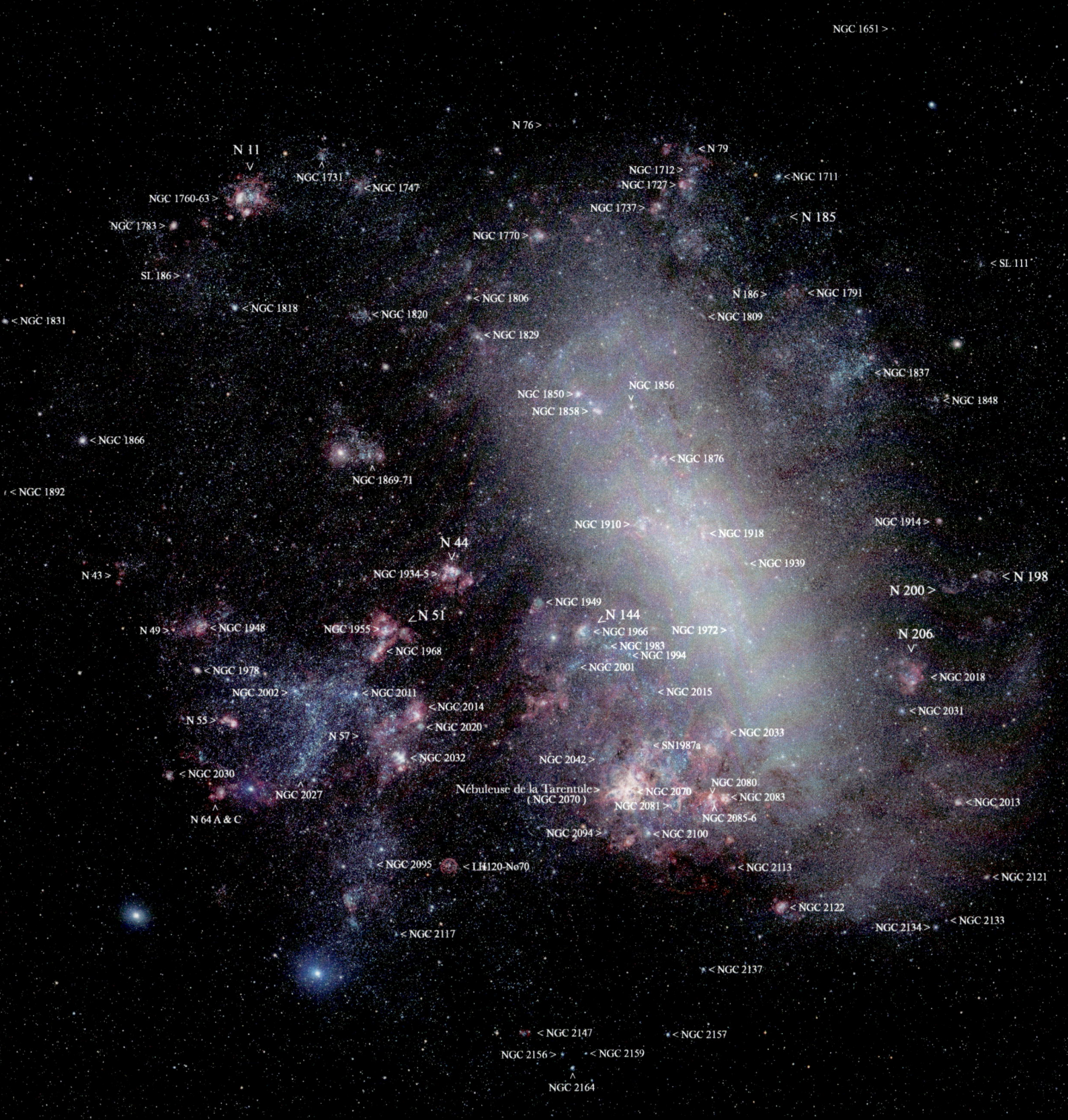

Ahora estás tan cerca de la Gran Nube que empiezan a aparecer formas de colores. Decides sumergirte en la que te parece más bonita y brillante. Se ve de color rosa en la imagen de arriba. Se trata de la nebulosa de la Tarántula. Es la entrada número 2070 del catálogo NGC, que contiene 7800 objetos, de los cuales más de 5000 los observaron el astrónomo

que descubrió Urano y los infrarrojos, William Herschel, y su hijo John.

A medida que te acercas a la Tarántula, disminuyes suavemente la velocidad hasta que finalmente te detienes, impresionado por lo que ves.

LA NEBULOSA DE LA TARÁNTULA

Esta imagen de la nebulosa de la Tarántula la tomó el telescopio Hubble. Es una superposición de varios tipos de luz: visible, infrarrojo cercano y ultravioleta.

Una energía muy especial parece emanar de la zona ligeramente rosada, casi blanca, donde brillan algunas estrellas azules a la izquierda del centro de la imagen. Te acercas y de repente cambias tu mirada para observarla no ya a través de los ojos del Hubble, sino con los del Webb.

La imagen que vas a descubrir al pasar la página se publicó el 6 de septiembre de 2022. Es una de las primeras imágenes publicadas por el James Webb.

NEBULOSA DE LA TARÁNTULA (NGC 2070)

37

NEBULOSA DE LA TARÁNTULA (NGC 2070)

39

LOS COLORES DEL JAMES WEBB

Las imágenes del telescopio James Webb nunca son en color real, porque este solo detecta la luz infrarroja, que es invisible a nuestros ojos. Cada una de sus imágenes es, por tanto, una traducción a colores visibles de una faceta del universo que, de otro modo, nos resultaría inaccesible. El Webb no es el único que hace esto. Todos los telescopios que observan el universo captan ondas que nuestros ojos no pueden detectar. El Hubble tampoco es una excepción a la regla, ya que es capaz de capturar una pequeña cantidad de luz infrarroja y ultravioleta.

Los filtros...

En general, los telescopios no captan toda la luz posible o imaginable, ni siquiera la del tipo de luz que pueden detectar, porque hay demasiada. Para controlar sus detecciones, llevan filtros que les permiten captar solo una pequeña banda de longitudes de onda muy precisas, que generalmente se eligen para que coincidan con el espectro de un átomo o molécula conocidos, o con un rango de energía o temperatura determinados. Es el caso del Hubble y del Webb, que llevan cada uno cerca de cuarenta filtros. En el Webb veintinueve son para el infrarrojo cercano y diez para el infrarrojo medio.

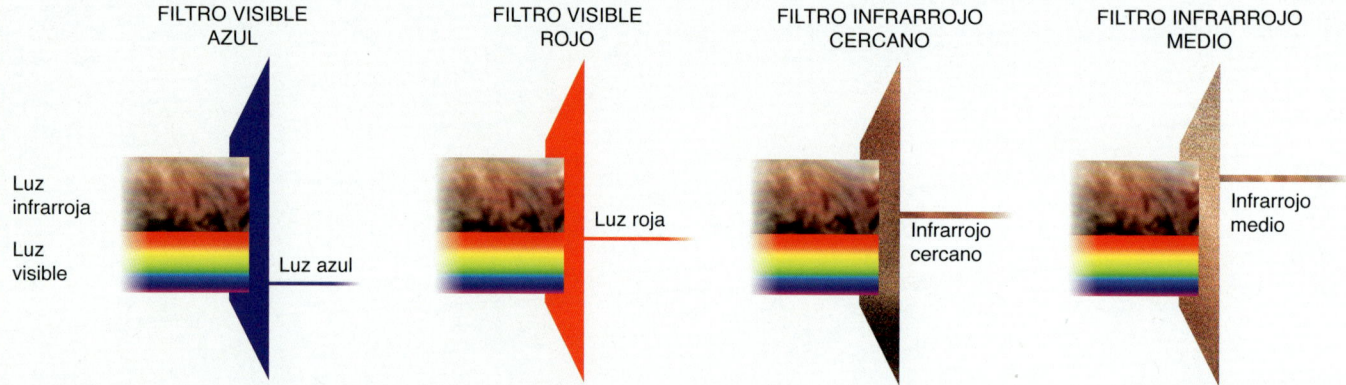

Todas las imágenes capturadas a través de los filtros infrarrojos del Webb y del Hubble aparecen inicialmente en blanco y negro. Y como no existe un color natural evidente para colorearlas, los científicos los eligen en función de lo que significan.

Una vez que se sabe a qué corresponden estos colores, se puede hacer una lectura más profunda de las imágenes.

La visión del Webb de la nebulosa de la Tarántula de la página anterior, abajo en pequeño, es una superposición de cuatro imágenes, cada una tomada con un filtro diferente, todas en el infrarrojo cercano. Nadie había visto nunca la Tarántula así, por lo que te preguntarás qué significan los distintos colores y qué cosas nuevas puedes aprender.

Aquí, el azul se ha asignado a las emisiones más energéticas, las más calientes; después, en orden decreciente de energía, vienen el verde, el naranja y por último el rojo, para las zonas más frías. Si te fijas bien, verás que las zonas azules son puntos. Hay decenas de miles de ellos en la imagen. Son estrellas muy jóvenes. La mayoría de ellas, ocultas detrás de nubes que se han vuelto transparentes en el infrarrojo, nunca se habían visto antes.

Al irradiar luz y partículas al espacio, estas estrellas han horadado una especie de cavidad en el interior de la nube en la que nacieron. La onda de choque generada durante su formación fue tan potente que aún se pueden observar sus efectos. Aunque esta es una imagen fija, podemos sentir que la cavidad sigue creciendo, que el vacío que se crea en medio del polvo, alrededor de las estrellas azules, es cada vez mayor.

A su alrededor, las zonas más frías, en rojo y naranja, contienen elementos complejos, como hidrocarburos, que se han podido identificar gracias a su espectro. Los hidrocarburos contienen carbono, que solo se puede fabricar en el interior de las estrellas. Por lo tanto, estas zonas rojas y naranjas contienen necesariamente restos de estrellas que explotaron hace mucho tiempo.

... para ver el nacimiento de una estrella

A partir de todos estos datos podemos deducir que la nebulosa de la Tarántula es un lugar donde se forman estrellas a partir del polvo de otras estrellas ya desaparecidas. Es una guardería estelar. Como verás enseguida, hay muchas otras regiones

de formación estelar en todo el universo, pero esta es la más grande y brillante de toda nuestra vecindad cósmica. El Webb ha detectado incluso un nacimiento que está teniendo lugar en este mismo momento, justo encima de la estrella brillante del centro de la imagen, donde se puede entrever una burbuja.

Esta detección se realizó utilizando tres filtros que permiten distinguir tres fuentes de radiación infrarroja.

Los átomos de hidrógeno constituyen la inmensa mayoría de la materia conocida en el universo y cuando la fuente de radiación corresponde al hidrógeno, y es muy caliente y puntual, casi siempre se trata de una estrella.

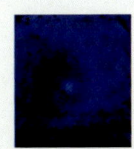

La primera de estas fuentes es el átomo de hidrógeno, que puede emitir una luz infrarroja muy precisa más allá del rango visible, una luz que es capaz de detectar uno de los filtros del telescopio Webb. Aquí se representa en azul.

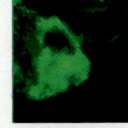

La segunda fuente de luz infrarroja también procede de los átomos de hidrógeno, pero esta vez del hidrógeno molecular, es decir, de dos átomos de hidrógeno que comparten electrones para formar una molécula. Cuando una de estas moléculas vibra y gira sobre sí misma, emite una luz infrarroja ligeramente diferente a la que emite un átomo de hidrógeno solo. Captada por el Webb, esta longitud de onda se ha representado en color verde.

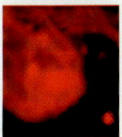

La tercera fuente procede de las moléculas formadas por átomos de carbono e hidrógeno. Son los hidrocarburos de la página anterior. Estas moléculas son más grandes y complejas que el hidrógeno atómico o el molecular, pero su espectro se conoce y se puede identificar en las nubes lejanas. Aquí se representan en rojo.

Superpuestas, estas imágenes revelan una nube de gas y polvo que está colapsando sobre sí misma y que dará lugar al nacimiento de una estrella.

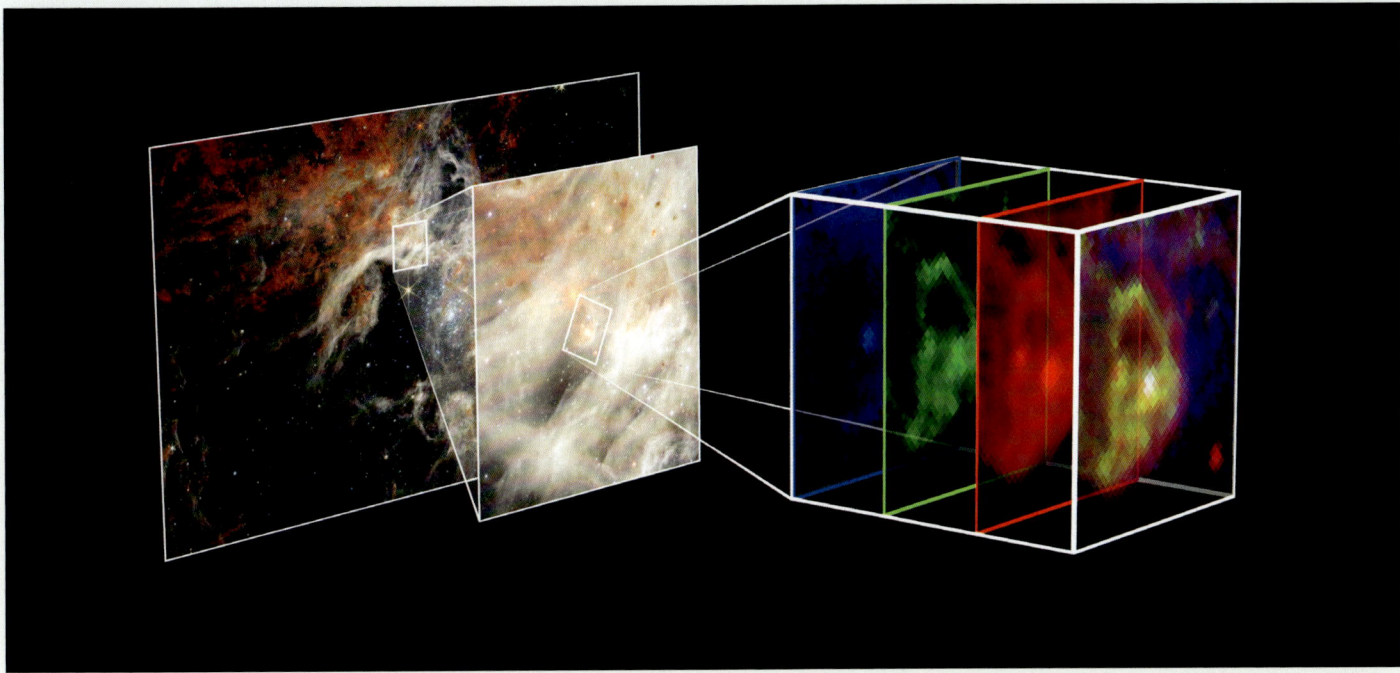

Así que ahora ya sabes cómo interpretar las imágenes del James Webb, y con estos conocimientos te animas a continuar tu exploración de la Gran Nube de Magallanes.

TAL VEZ
LA SOLUCIÓN A TODO

No hace mucho que has abandonado la Tarántula cuando de repente ves una extraña forma esférica, gigantesca, que flota en medio de la nada. Es N11, una nebulosa mucho más pequeña que la Tarántula, una de las llamadas *nebulosas planetarias*. Son los restos de la superficie de una estrella desaparecida, una estrella que explotó con tanta fuerza que la burbuja que se ve allí todavía se está expandiendo ante tus ojos a más de 18 millones de kilómetros por hora. En esta imagen del Hubble de 2010 solo se ve la luz que emana de los átomos de hidrógeno que se encuentran en este polvo. La contemplas un instante antes de ir a visitar otra nebulosa planetaria, los restos de la explosión de otra estrella, una gigante en este caso, una supernova llamada SN 1987A.

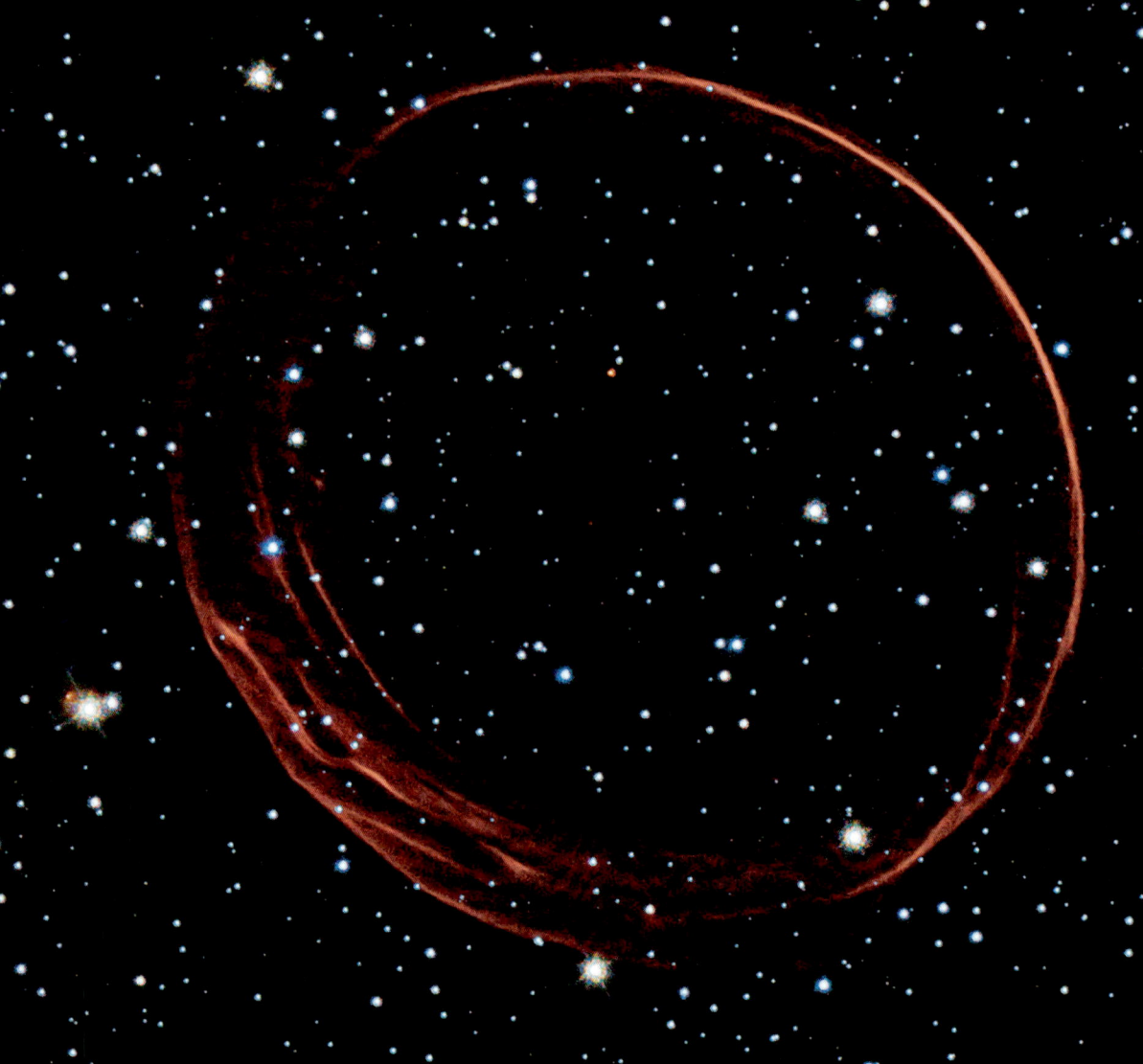

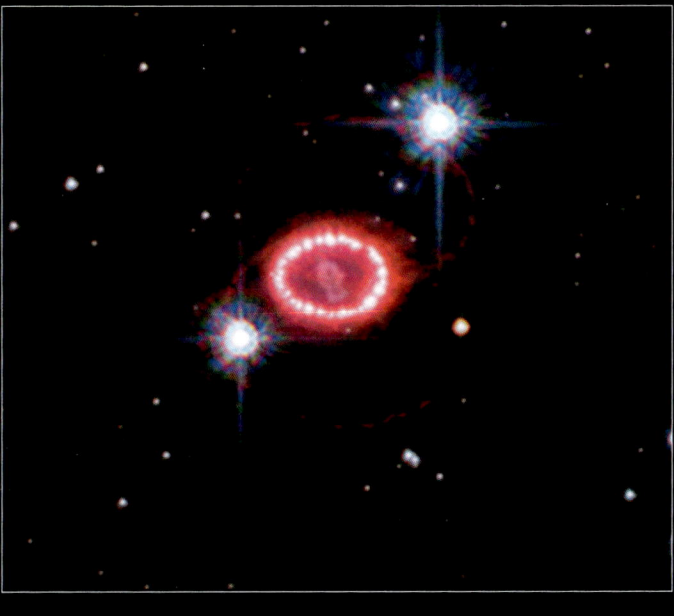 

En estas imágenes de la supernova SN 1987A, tomadas en este caso por el Hubble en 2010 (arriba a la izquierda) y por el Webb el 31 de agosto de 2023 (arriba a la derecha), apenas se distinguen los restos de una estrella en el centro del anillo rosa.

El anillo en sí está formado por material eyectado de la superficie de la estrella unos 20 000 años antes de su explosión final. Durante esos 20 000 años, el anillo se alejó a millones de kilómetros por hora, como un anillo de humo, hasta que se produjo la explosión. Es la luz de la explosión la que, tras alcanzarlo, lo ilumina.

El anillo perderá luminosidad cuando esta luz lo haya atravesado del todo.

Visto de perfil, los científicos imaginan que el conjunto se asemeja a la ilustración de abajo.

Al levantar la vista, te preguntas qué otras maravillas te reserva la Gran Nube de Magallanes, y te apresuras a otra zona cuyos extraordinarios colores te recuerdan en cierto modo la majestuosidad de algunos lechos marinos terrestres.

EL ARRECIFE CÓSMICO

Estás flotando sobre dos guarderías de estrellas. Las llamamos el Arrecife cósmico, pero a cada una de ellas le corresponde un nombre en el catálogo: NGC 2014 es la nebulosa del centro, NGC 2020 es la nebulosa azul, abajo a la izquierda. En la imagen de la Gran Nube están ligeramente por encima de la Tarántula, a su izquierda.

Esta imagen la publicó el Hubble en abril de 2020. Es una superposición de cuatro fotografías tomadas con cuatro filtros diferentes, todas en luz visible. En este caso, los colores sí corresponden a los colores reales. De manera que lo que ves desde el espacio con tus ojos normales es exactamente esta imagen.

La contemplas durante mucho tiempo antes de decidirte finalmente a abandonar la Gran Nube de Magallanes, con confianza en que el universo aún te reserva sorpresas.

UN PUENTE ENTRE GALAXIAS

Te encuentras al otro lado de esta fotografía de la Gran Nube de Magallanes tomada por el Hubble. Dos galaxias enanas brillan frente a ti: la Pequeña Nube de Magallanes, a tu izquierda, y la Carina, a tu derecha. La Carina te intriga. Desde la Tierra apenas se distingue. Dudas si visitarla o no, pero de repente te das cuenta de que la Gran Nube de Magallanes que acabas de dejar está robando materia a la Pequeña Nube. Un reguero de estrellas, rocas, planetas y polvo fluye de una a otra, y forma un puente cósmico entre estas dos galaxias enanas: *el puente de Magallanes*. Aquí tienes una imagen tomada por el satélite europeo Gaia, publicada el 3 de diciembre de 2020.

Sin dudarlo un instante, recorres el puente y te diriges a la Pequeña Nube de Magallanes.

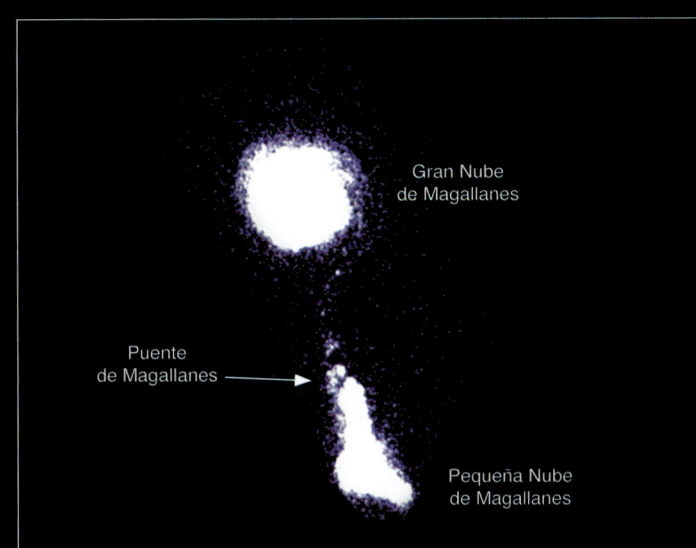

Gran Nube de Magallanes

Puente de Magallanes →

Pequeña Nube de Magallanes

Osa Mayor I

Galaxia enana del Sextante

Galaxia enana del Boyero

Osa Menor

Galaxia enana del Dragón

Osa Mayor II

Vía Láctea

270°

Has pasado por aquí

Galaxia enana de Sagitario

Gran Nube de Magallanes

90°

Galaxia enana de Carina

Y ahora estás aquí

Pequeña Nube de Magallanes

Galaxia enana del Escultor

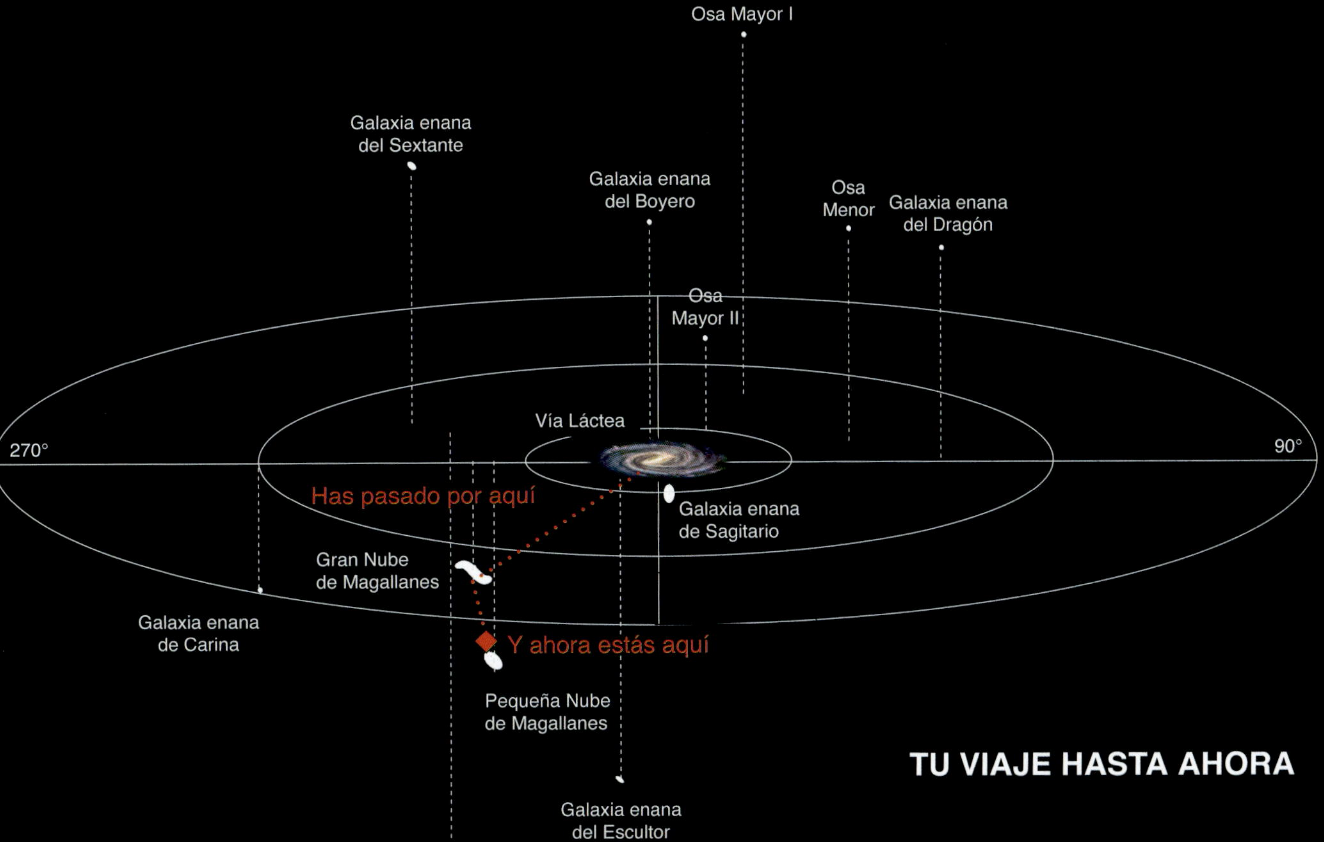

TU VIAJE HASTA AHORA

Te has concentrado tanto en no chocar con nada en el camino que has calculado mal la maniobra de aproximación a la Pequeña Nube. Pero ahora que estás dentro, te paras en seco, aliviado al ver que, incluso en los cúmulos estelares que están siendo devorados por otros, siguen naciendo estrellas.

La imagen de esta doble página fue tomada en el infrarrojo por el telescopio Webb en enero de 2023. Es la nebulosa NGC 346. Cuando pases la página, la verás como nos la mostró el Hubble en 2005.

VIENTO DE ESTRELLAS

Son los vientos y las ondas de choque procedentes del grupo de estrellas jóvenes azules, en el centro, los que esculpen el arco de gas y polvo que atraviesa esta imagen de NGC 346, tomada por el Hubble. Hay más de 2500 estrellas en proceso de formación en esta zona. Es una de las nebulosas más activas que se conocen.

La imagen sobre estas líneas sigue siendo de la misma nebulosa, pero ahora es una superposición de fotografías tomadas por tres telescopios diferentes. A la luz visible del Hubble se añade la luz infrarroja del Webb, en naranja, y los rayos X captados por el telescopio espacial Chandra, cuyas detecciones se muestran aquí en violeta y púrpura.

Los rayos X ultraenergéticos que detecta Chandra proceden de los objetos y los eventos más extremos del universo, como los agujeros negros, las explosiones estelares o las estrellas que están en proceso de formación.

Esta imagen es una de las vistas más completas que se hayan tomado nunca de un rincón del cielo y, sin embargo, esta nube está realmente lejos de nosotros.

La luz tarda unos 210 000 años en recorrer la distancia que nos separa de ella.

Pero no está tan lejos como tu siguiente destino.

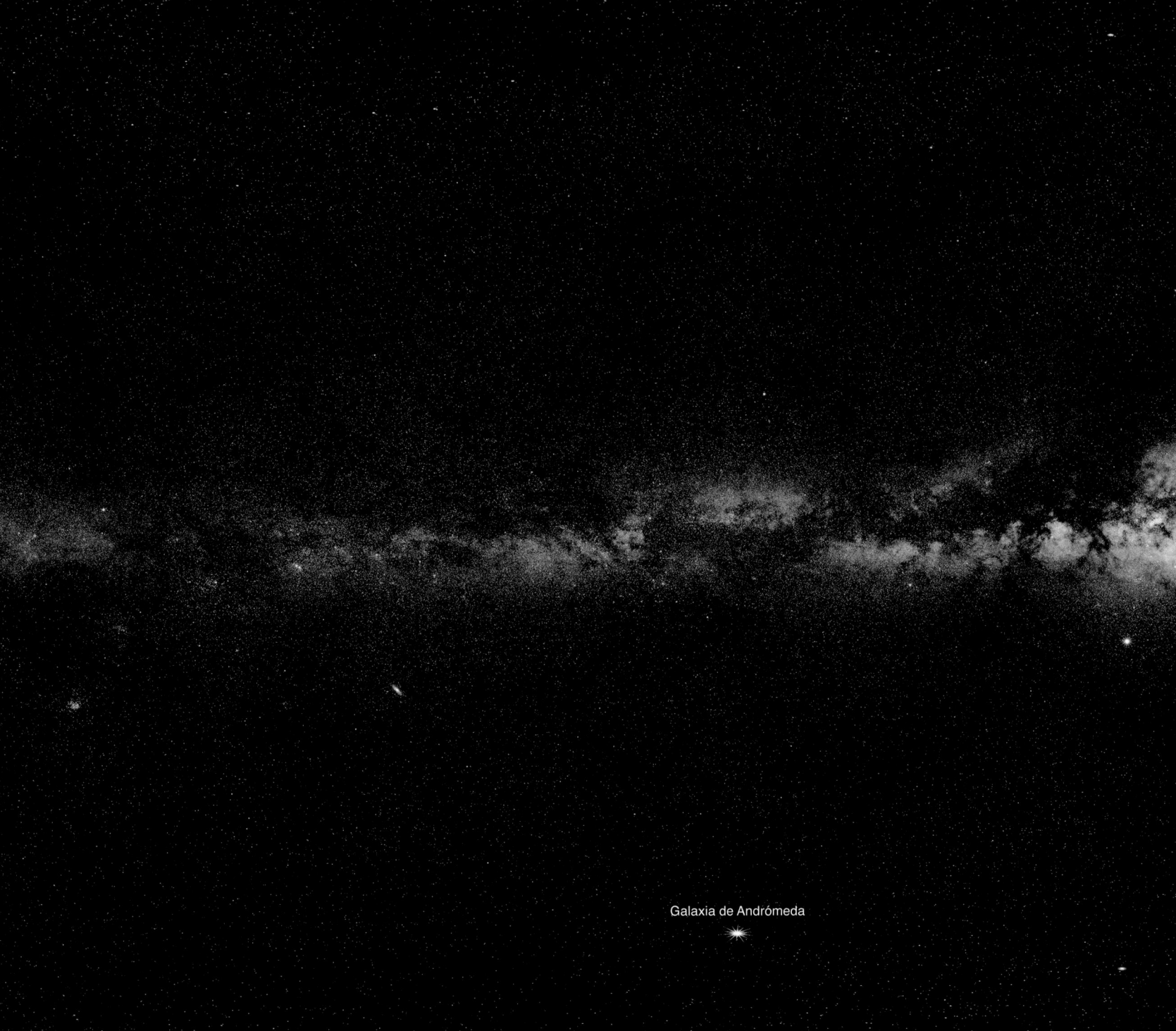

Galaxia de Andrómeda

LA VECINDAD DE LA VÍA LÁCTEA, A SIMPLE VISTA

Más o menos así es como se vería la Tierra en el espacio dentro de la Vía Láctea.

La imagen de fondo es la de la Vía Láctea tomada por Gaia que viste al principio del libro. Se pueden distinguir las Nubes de Magallanes y la galaxia enana de Carina en la parte inferior derecha, así como un cuarto objeto celeste que brilla tanto o más que ellas, en la parte inferior izquierda. También es visible a simple vista desde la Tierra. Este objeto es mucho más grande que las galaxias enanas que acabas de visitar, pero también está mucho más lejos. Es otra galaxia. No contiene solo mil millones de estrellas —lo que la convertiría en una galaxia enana, como las tres anteriores—, sino cientos de miles de millones.

LA REINA DE LAS GALAXIAS

Andrómeda es la galaxia más majestuosa de nuestra vecindad cósmica. Es gigantesca y cubre una superficie del cielo tres o cuatro veces mayor que la luna llena, a pesar de encontrarse ochenta billones de veces más lejos.

En esta imagen, tomada por el Hubble, aparece en color real. La mayoría de los puntos dispersos por la foto son estrellas de nuestra galaxia. En cambio, las manchas ligeramente globulares no pertenecen ni a Andrómeda ni a la Vía Láctea. Son galaxias satélites, galaxias enanas.

Para ti, que la observas desde cerca, Andrómeda parece flotar sola en medio de un espacio negro, rodeada de sus galaxias satélites.

Más grande que la Vía Láctea, Andrómeda contiene cientos de miles de millones de estrellas, millones de guarderías estelares y aún más agujeros negros, pero está demasiado lejos para que nuestros ojos puedan verla al completo. A simple vista, todo lo que podemos ver de Andrómeda desde la Tierra es su centro, que brilla en las noches de otoño del hemisferio norte.

CIEN MILLONES DE ESTRELLAS

En 2015, el telescopio Hubble tomó la fotografía que aparece arriba, que corresponde a la parte de Andrómeda que está dentro del recuadro de la imagen contigua. Es una de las fotografías con mayor resolución que se haya hecho nunca. No son pixeles diminutos los que le dan un aspecto granulado. Son estrellas. Hay más de 100 millones de ellas que pueden distinguirse individualmente.

Hace poco más de un siglo, nuestros antepasados pensaban que la Vía Láctea constituía todo el universo. Desde entonces, hemos descubierto lo que es una galaxia y nuestros telescopios no han tardado en mostrarnos que existen más. Al principio, solo unas pocas, como las Nubes de Magallanes y Andrómeda. Luego, algunas decenas, algunos cientos y algunos miles.

Actualmente, se estima que el universo observable contiene al menos un billón de galaxias, cada una formada por cientos de miles de millones de estrellas. ¿Están todas dispersas al azar o se agrupan en familias? ¿Hay un número infinito de ellas en todas direcciones? ¿Son idénticas a la nuestra o habitamos en un rincón del cosmos que en realidad tiene propiedades únicas?

El viaje que estás a punto de emprender te permitirá responder a todas estas preguntas, especialmente gracias a las imágenes que acaba de publicar el telescopio James Webb.

Ver lejos en el espacio equivale a ver atrás en el tiempo, pero nunca es nuestro propio pasado lo que observamos. Siempre es el pasado de otros mundos, otras estrellas, otras galaxias. A veces, sin embargo, es posible encontrar galaxias lejanas que se parecen mucho a la nuestra, pero que se encuentran en etapas diferentes de su vida. Al compararlas con lo que vemos a nuestro alrededor, estas galaxias nos permiten reconstruir la historia de lo que nos rodea, desde el nacimiento de la Vía Láctea hasta el del Sol y la Tierra.

A gran escala, la gravedad fuerza a las galaxias a interactuar, a fusionarse y a organizarse en grupos. La Vía Láctea no es una excepción. Pertenece a una pequeña familia de unas cincuenta galaxias unidas gravitacionalmente, de las cuales Andrómeda es la principal. Pero el universo no se detiene ahí. Más lejos, existen otros grupos de galaxias, a veces mucho más grandes, los *cúmulos de galaxias*, y todos estos grupos y cúmulos se unen para formar *supergrupos*, también conocidos como supercúmulos, que no están ya unidos gravitatoriamente entre sí.

La pequeña familia de galaxias a la que pertenecen Andrómeda y la Vía Láctea recibe el nombre de Grupo Local. Sus miembros figuran en el mapa de la página 55. Está formado por unas cincuenta galaxias enanas y tres galaxias más grandes: Andrómeda, la Vía Láctea y la galaxia del Triángulo. Solo estas tres contienen casi dos billones de estrellas. Como saliste de la Vía Láctea y después sobrevolaste Andrómeda, decides ir a hacer una breve visita a la galaxia del Triángulo.

TRÍO LOCAL

En luz visible, este es el aspecto de la tercera galaxia más grande del Grupo Local, la galaxia del Triángulo (M33). Esta imagen fue tomada por el Telescopio Muy Grande (VLT) del Observatorio Europeo Austral, en Chile. Estás en esta imagen, en algún lugar a la izquierda, en la distancia, y observas las gigantescas nubes rosas y rojas que la iluminan. Una vez más, son guarderías de estrellas.

La mayor de estas guarderías se encuentra en uno de los brazos espirales, que puede verse sobre el centro de la imagen. Es más brillante que las demás. Una flecha diminuta la señala, la verás claramente cuando la encuentres (pero no te diré dónde está, tendrás que buscarla).

Decides ir a verla de cerca, mientras sobrevuelas de camino el centro de la galaxia.

TAMAÑOS RELATIVOS DE LAS GALAXIAS MÁS GRANDES DEL GRUPO LOCAL

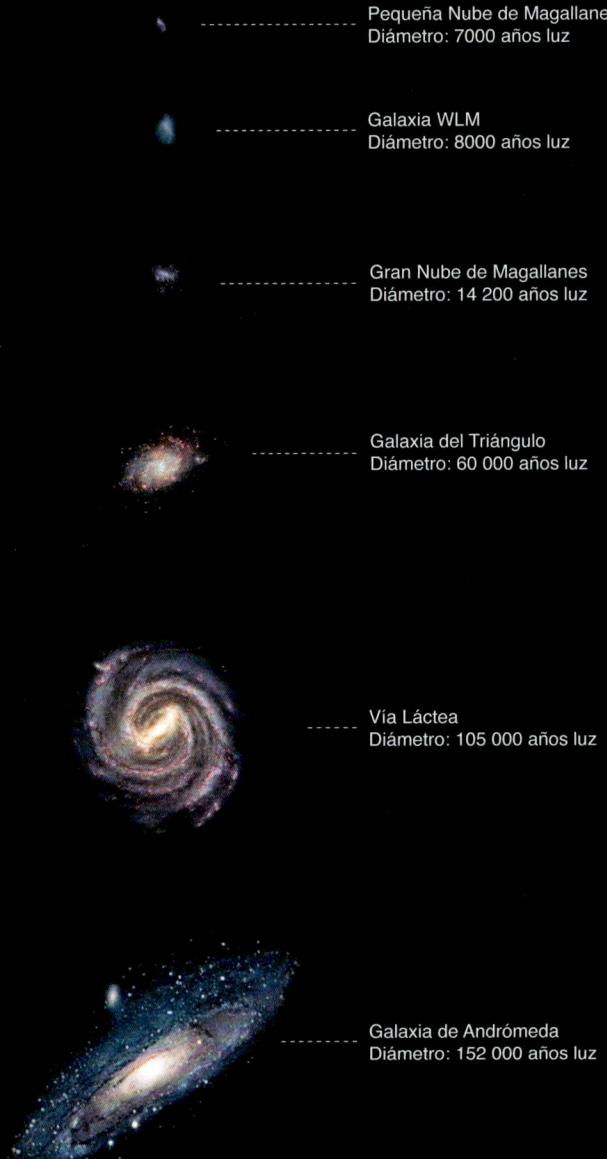

Pequeña Nube de Magallanes
Diámetro: 7000 años luz

Galaxia WLM
Diámetro: 8000 años luz

Gran Nube de Magallanes
Diámetro: 14 200 años luz

Galaxia del Triángulo
Diámetro: 60 000 años luz

Vía Láctea
Diámetro: 105 000 años luz

Galaxia de Andrómeda
Diámetro: 152 000 años luz

GALAXIA DEL TRIÁNGULO (M33)

EL CORAZÓN DEL TRIÁNGULO

Esta imagen es una superposición de 54 observaciones del núcleo de la galaxia del Triángulo realizadas por el telescopio espacial Hubble. En ella se distinguen 15 millones de estrellas (lo que corresponde aproximadamente al 1,5 % de todas las estrellas de esta galaxia). La guardería estelar a la que te diriges era rosa en la imagen anterior, pero aquí se ve azul. Está en la esquina superior derecha de la imagen. Y te parece absolutamente gigantesca.

LA LUZ DEL TRIÁNGULO

Esta guardería estelar es realmente colosal. Es la más grande que conocemos en el universo. Su nombre es NGC 604. En rosa, se ven claramente las estrellas que acaban de nacer y las cavidades que están abriendo en las nubes en las que se han formado. Ya familiarizado con este tipo de fenómenos, la miras complacido antes de alejarte aún más, hacia el límite del Grupo Local.

Diriges tu mirada hacia WLM, una galaxia enana situada a tres millones de años luz de la Tierra. Ella marca la frontera del grupo de galaxias al que pertenece la Vía Láctea. Está a 500 000 años luz de la galaxia del Triángulo.

Sin pensártelo dos veces, te lanzas hacia ella.

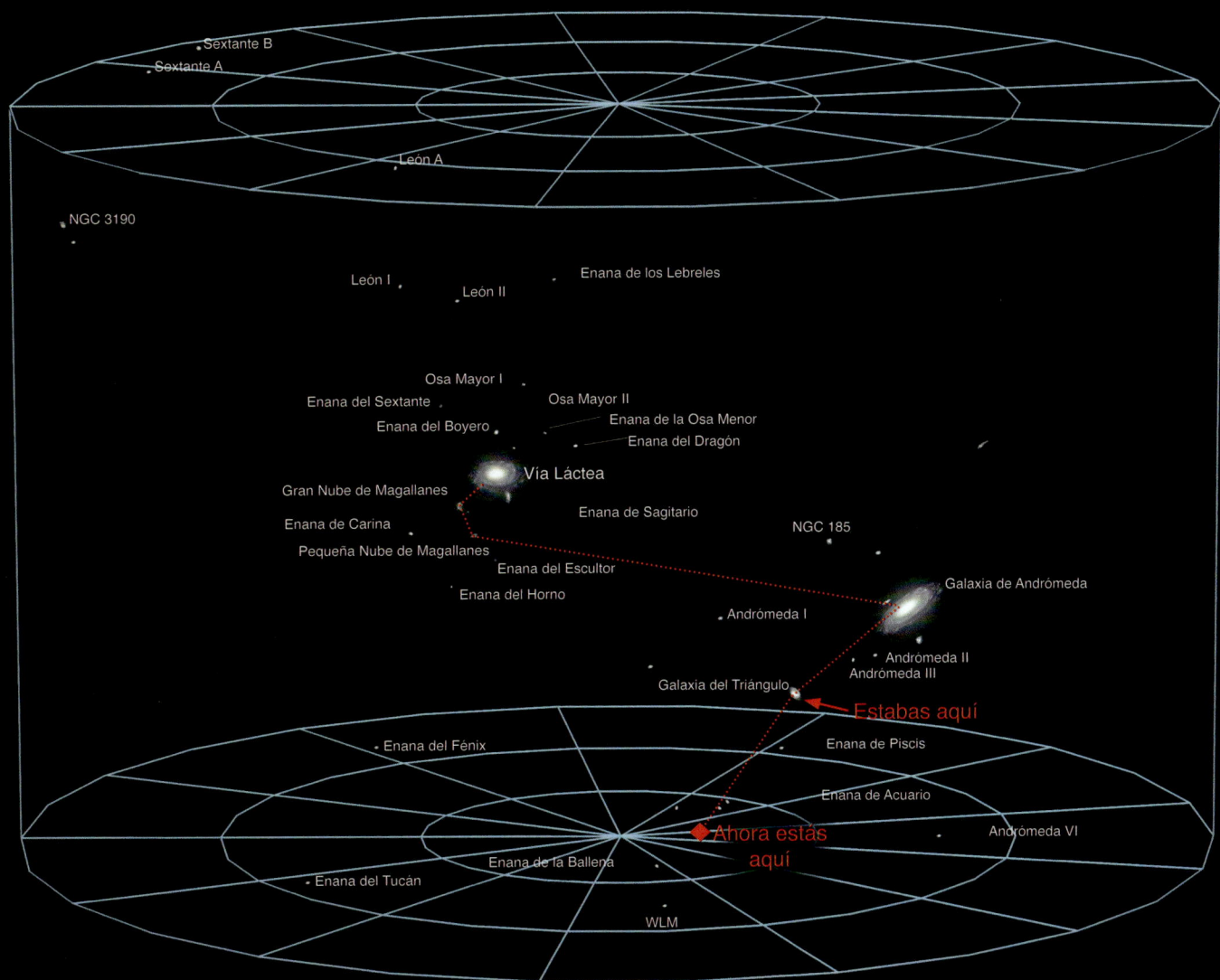

EL GRUPO LOCAL

SPITZER IRAC

LA FRONTERA DEL GRUPO LOCAL

Acabas de cruzar los 500 000 años luz de espacio que separan la galaxia del Triángulo de WLM, cuyo nombre completo es Wolf-Lundmark-Melotte, en honor a sus tres descubridores. Es la galaxia que ves en el centro de esta página. Si bien la mitad de sus estrellas tienen entre 9000 y 12 000 millones de años —bastante más edad que el Sol, que tiene menos de 5000 millones de años—, las estrellas que brillan en rosa y azul son bastante más jóvenes.

En la parte superior izquierda de la página, vemos una pequeña sección de esta galaxia fotografiada por el telescopio espacial Spitzer, que, al igual que el Webb, ve en el infrarrojo. En la parte superior derecha se muestra la misma sección, pero esta vez vista por el telescopio Webb. La diferencia de nitidez da una idea de las sorpresas que te esperan más allá del Grupo Local, porque como demuestra la presencia de galaxias aún más lejanas en estas imágenes, el universo no acaba aquí.

Ni mucho menos.

WEBB NIRCAM

GALAXIA DE WOLF-LUNDMARK-MELOTTE (WLM)

67

LA INMENSIDAD DEL ESPACIO

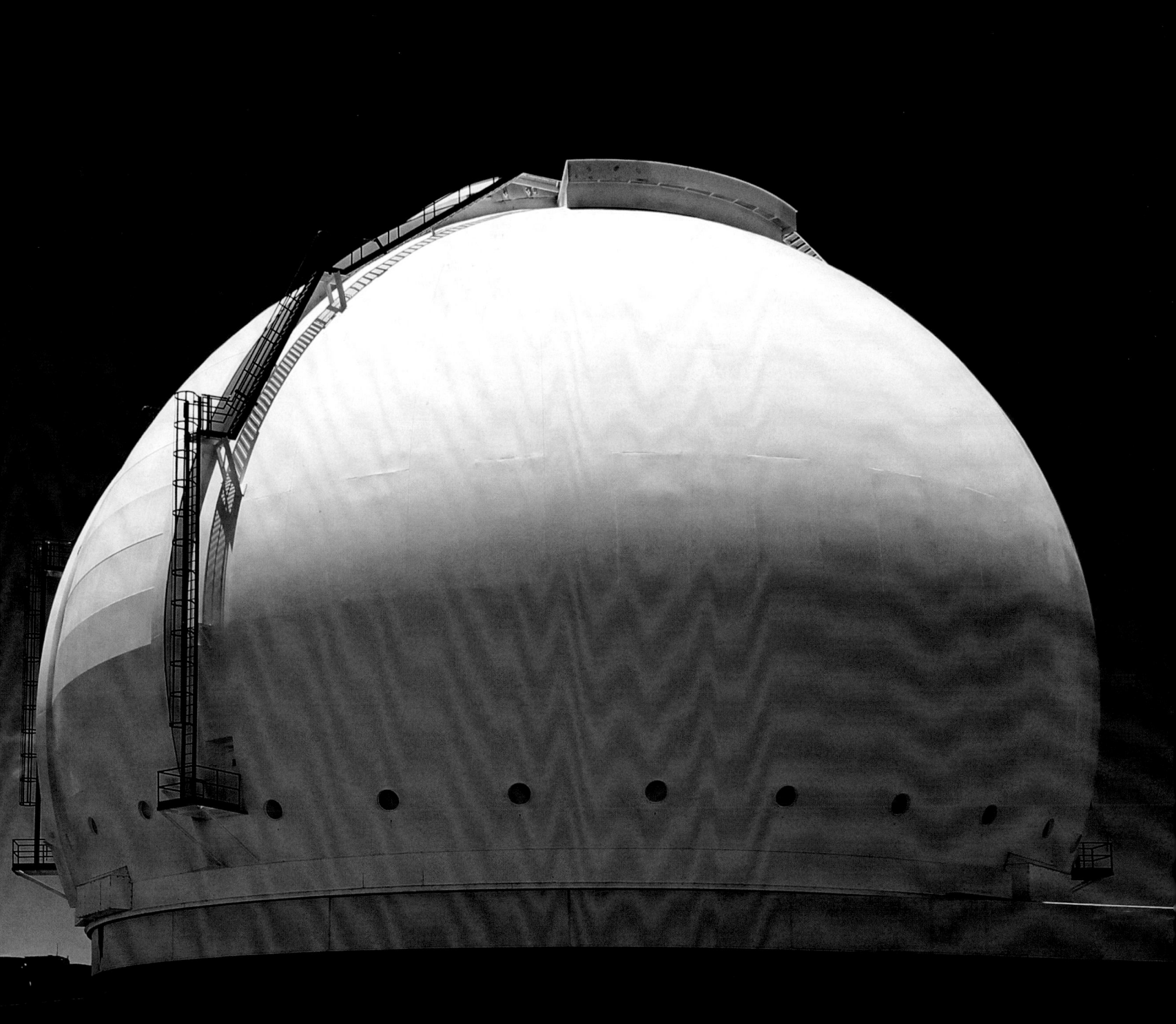

NUESTRO PARAÍSO CELESTE

Nuestro Grupo Local de galaxias pertenece a una agrupación mucho mayor, un grupo de grupos, un supercúmulo de galaxias descubierto en 2014 por Hélène Courtois, Yehuda Hoffman, Daniel Pomarède y Richard Brent Tully gracias al telescopio Canadá-Francia-Hawái (CFHT, por sus siglas en inglés) construido en la ladera de un volcán en Hawái (doble página anterior). Bautizaron a este supercúmulo con el nombre de Laniakea, que significa 'cielo inconmensurable' o 'paraíso celeste' en hawaiano. Es el que se muestra en la página de la derecha.

Laniakea contiene nada menos que 100 000 galaxias y la luz tarda más de 500 millones de años en atravesarlo.

Uno de los grupos de galaxias más grandes de este supercúmulo es el Cúmulo de Virgo. Con sus 2000 galaxias, eclipsa completamente a nuestro propio grupo, que solo contiene unas cincuenta.

A esta escala, el Grupo Local apenas es visible. La cincuentena de galaxias que lo componen se encuentran todas dentro del rombo rojo que marca tu posición. Las distancias empiezan a ser vertiginosas, pero este es precisamente el mapa que estás a punto de explorar.

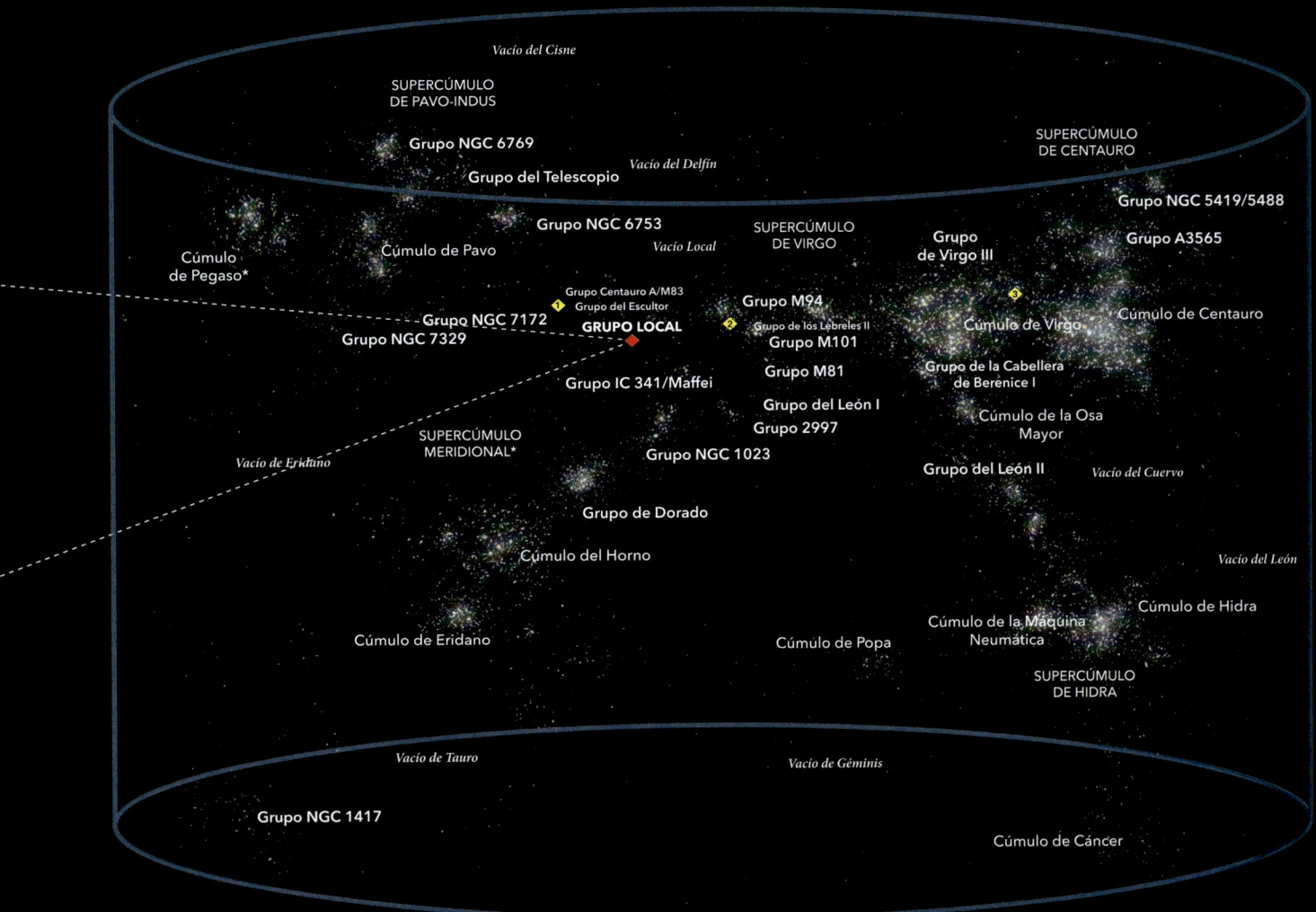

Vacío del Cisne

SUPERCÚMULO
DE PAVO-INDUS

SUPERCÚMULO
DE CENTAURO

Grupo NGC 6769

Vacío del Delfín

Grupo del Telescopio

Grupo NGC 5419/5488

Grupo NGC 6753

SUPERCÚMULO
DE VIRGO

Grupo
de Virgo III

Grupo A3565

Cúmulo de Pavo

Vacío Local

Cúmulo
de Pegaso*

Grupo Centauro A/M83
Grupo del Escultor

Grupo M94

Cúmulo de Virgo

Cúmulo de Centauro

Grupo NGC 7172

GRUPO LOCAL

Grupo de los Lebreles II

Grupo NGC 7329

Grupo M101

Grupo de la Cabellera
de Berenice I

Grupo IC 341/Maffei

Grupo M81

Cúmulo de la Osa
Mayor

Grupo del León I

SUPERCÚMULO
MERIDIONAL*

Grupo 2997

Grupo del León II

Vacío del Cuervo

Vacío de Eridano

Grupo NGC 1023

Grupo de Dorado

Vacío del León

Cúmulo del Horno

Cúmulo de la Máquina
Neumática

Cúmulo de Hidra

Cúmulo de Eridano

Cúmulo de Popa

SUPERCÚMULO
DE HIDRA

Vacío de Tauro

Vacío de Géminis

Grupo NGC 1417

Cúmulo de Cáncer

LANIAKEA

El programa

En las páginas siguientes explorarás Laniakea mientras te diriges a su capital, el cúmulo de Virgo, que se encuentra a la derecha del Grupo Local en el mapa de arriba.

De camino, pasarás primero por el cúmulo del Escultor ◆ (en términos cósmicos, está aquí al lado), para observar dos galaxias de las que el Webb nos acaba de desvelar una faceta totalmente inesperada.

Después, al continuar hacia el cúmulo de Virgo, verás una galaxia tan espectacular ◆ que harás un pequeño desvío para sobrevolarla. Se llama galaxia del Remolino. El Webb publicó dos nuevas imágenes el 29 de agosto de 2023.

En el cúmulo de Virgo ◆, en el centro de una de las mayores galaxias conocidas del universo, descubrirás el objeto más extremo que se haya fotografiado jamás: un agujero negro supermasivo de casi 6500 millones de veces la masa del Sol.

Allá vamos

Pasas de largo la galaxia WLM para dar tu primer paso fuera del Grupo Local antes de lanzarte hacia lo desconocido a la velocidad de la luz y, como consecuencia, tu tiempo se detiene.

Entonces atraviesas, no sin cierta satisfacción, los cerca de 30 millones de años luz que separan WLM de la galaxia espiral IC 5332 del grupo del Escultor.

UNA CARA NUEVA

La galaxia espiral IC 5332 es una de las pocas galaxias que tenemos la suerte de poder observar de frente.

En esta página puedes verla tal y como la observó el Hubble en 2022, combinando luz visible y ultravioleta.

Podría parecer que solo hay estrellas a lo largo de sus brazos espirales, pero ahora sabemos que no es así. Los brazos luminosos de las galaxias son regiones donde la materia está más comprimida, donde las estrellas son más jóvenes y brillantes que en otros lugares. Los brazos oscuros que los separan no están vacíos de estrellas. Simplemente están poblados por estrellas más antiguas y menos luminosas.

Para comprender mejor la distribución de la materia en el interior de las galaxias de este tipo, el telescopio Webb apuntó sus espejos hacia ella para observarla en infrarrojos. La imagen obtenida es tan diferente de la del Hubble que resulta impactante.

Así es IC 5332 vista por el telescopio James Webb. Esta imagen se publicó en septiembre de 2022. Ilustra muy bien la idea de que el universo, según la luz con la que lo miremos, puede tener diferentes aspectos y que, a menos que tengamos una comprensión profunda de todas las señales que lo transitan, es inevitable que nos perdamos información extraordinaria.

Dicho esto, también podríamos estar frente a una anomalía cósmica. Quizás IC 5332 sea la única galaxia que presenta esta forma en infrarrojo. Para comprobarlo, te desvías hacia M74, otra de las galaxias del Escultor, situada a 3 millones de años luz más lejos. Al pasar la página, la verás tal y como la fotografió el Hubble en luz visible. Luego, en la página siguiente, la verás a través de los ojos del James Webb.

74

LA GALAXIA FANTASMA

M74, la galaxia que acabas de ver, también es conocida como la galaxia Fantasma.

En la imagen del Hubble (pp. 74-75), los brazos espirales son tan nítidos que algunos astrónomos la llaman la *espiral perfecta*. Está salpicada de nubes ligeramente rosadas. Son nuevas guarderías estelares, nubes de gas y polvo iluminadas por las estrellas que están naciendo en su interior.

La imagen siguiente (pp. 76-77), tomada por el Webb, nos ofrece de nuevo una visión completamente distinta de esta galaxia, así como un acceso inédito a su núcleo, invisible para el Hubble. En ella vemos brillar, por primera vez, a miles de estrellas jóvenes, que aparecen en azul.

También se puede ver claramente una burbuja de vacío en la parte inferior derecha de la imagen, cuyo origen, aún un misterio, da la impresión de que un proyectil gigante de naturaleza desconocida ha atravesado uno de sus brazos.

M74 también es relativamente fácil de observar desde la Tierra, por lo que es uno de los objetivos favoritos de los astrónomos, tanto profesionales como aficionados, lo que ha permitido detectar varias cosas bastante inusuales, entre ellas dos muertes de estrellas, en 2004 y en 2013.

En 2004, el telescopio Webb aún no existía, pero su predecesor, el telescopio espacial Spitzer, ya podía observar el universo en infrarrojo. Mucho menos potente que el Webb, sus imágenes (abajo) no tienen la misma nitidez, pero aun así se puede distinguir una estrella que explota y desaparece unos meses después. Por supuesto, la estrella no ha desaparecido por completo. Se ha convertido en una nube de gas, una *nebulosa planetaria*, pero en los pocos meses que han transcurrido entre las dos imágenes, su polvo se ha enfriado tanto que Spitzer ya no la puede ver.

En 2013 se fotografió en luz visible la muerte de una segunda estrella en M74 desde el Observatorio Europeo Austral, en Chile. Es el punto brillante indicado por la flecha en la parte inferior izquierda de la fotografía de abajo. Su luminosidad es comparable a la de todo el núcleo de esta galaxia, un núcleo que contiene varios miles de millones de estrellas, lo que nos da una idea de la potencia de la explosión.

Pero eso no es todo.

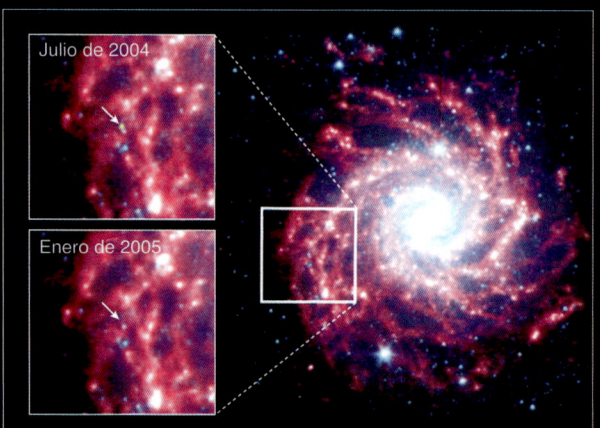

Cámara infrarroja del telescopio espacial Spitzer

En 2005, el telescopio espacial Chandra también detectó una fuente de rayos X un tanto peculiar procedente de esta galaxia. Se indica con una flecha en la imagen de arriba. Esta fuente es tan potente que solo puede deberse a un único objeto conocido: un agujero negro de aproximadamente diez mil veces la masa de nuestro Sol. Es lo que se llama *un agujero negro de masa intermedia*. Son bastante raros. La mayoría de los agujeros negros conocidos tienen masas similares a la del Sol o varios cientos de miles de veces más. Hay relativamente pocos entre ambos extremos. Y los científicos creen que se formaron con el paso del tiempo por la fusión de cientos de agujeros negros más pequeños.

Intrigado, te preguntas si sería posible ir a echar un vistazo más de cerca a este agujero negro, pero lamentablemente no va a ser posible en este libro, ya que aquí solo puedes ver lo que ha sido observado por al menos un telescopio, terrestre o espacial, y aunque tenga una masa diez mil veces la del Sol, este agujero negro es demasiado pequeño y está demasiado lejos como para que podamos observarlo directamente.

Más concretamente, el diámetro de un agujero negro siempre es proporcional a su masa: unos 5,8 kilómetros por masa solar. Por lo tanto, este, detectado por Spitzer, tiene aproximadamente 58 000 kilómetros de diámetro. Es decir, un poco más que el diámetro de Urano. A escala galáctica, es minúsculo.

Resignado, pero un poco decepcionado, dejas M74 y te diriges hacia la capital de nuestro supercúmulo: el cúmulo de Virgo. No está muy cerca. Más de 24 millones de años luz te separan de él, casi la distancia que acabas de recorrer desde la Tierra. Pero no importa, te lanzas hacia allí, aunque esta vez no a la velocidad de la luz, para poder disfrutar del paisaje por el camino.

Y has hecho bien, porque en un pequeño cúmulo llamado Grupo M51, en dirección al cúmulo de los Lebreles, te encuentras con una galaxia que te parece magnífica y decides sobrevolarla. Su nombre es la galaxia del Remolino.

EL REMOLINO CÓSMICO

La galaxia del Remolino (NGC 5194 o M51a), que ves aquí en una imagen del Hubble publicada en 2005, fue descubierta por el astrónomo francés Charles Messier el 13 de octubre de 1773. Messier creó uno de los catálogos de galaxias más importantes que existen en la actualidad, cuyas entradas siempre comienzan con la letra M, por Messier, seguida de un número y a veces una letra, en este caso M51a.

La pequeña nube color crema que ves arriba es otra galaxia (NGC 5195), lo que demuestra que las dos Nubes de Magallanes no son las únicas galaxias en el universo que interactúan. También sucede con las galaxias gigantes.

Al pasar la página, descubrirás las imágenes tomadas por el Webb del núcleo del Remolino. Fueron publicadas el 29 de agosto de 2023.

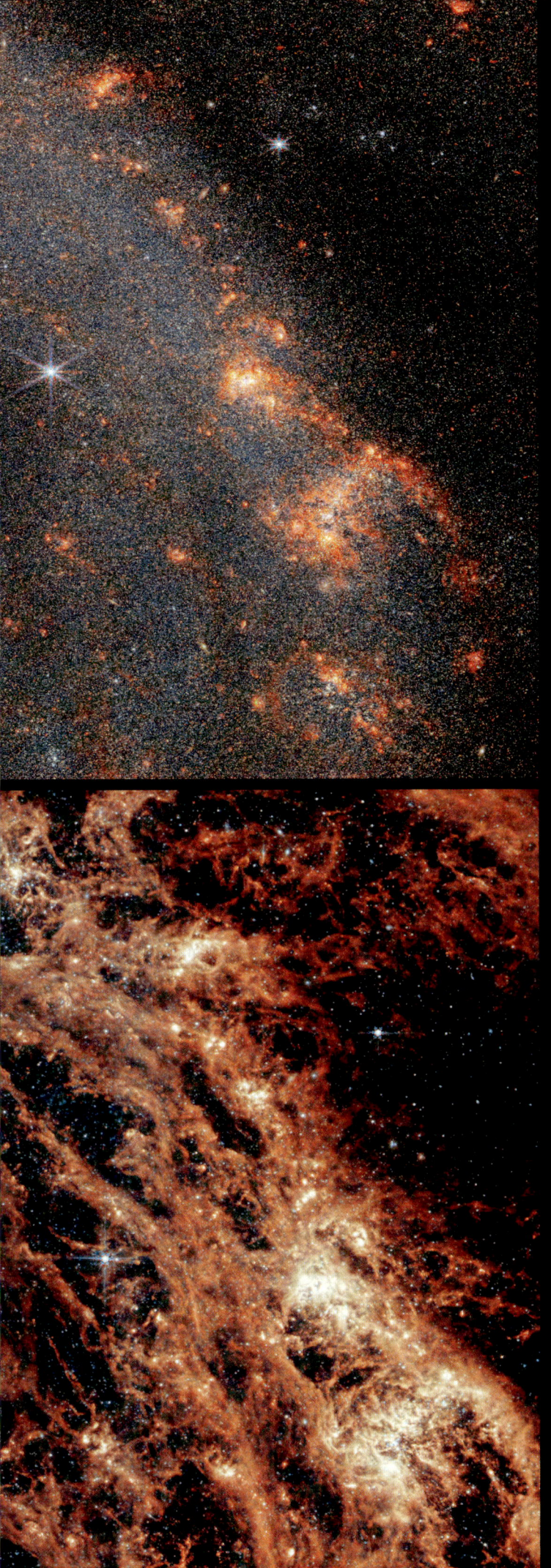

EL OJO DEL REMOLINO

Desde la Tierra no hace falta tener un telescopio para ver la galaxia del Remolino, basta con unos prismáticos. Pero para ver el núcleo del Remolino tal como aparece en las dos imágenes de esta doble página, se necesita el telescopio espacial Webb. Nadie lo había visto así antes de agosto de 2023.

La primera imagen, la de arriba, corresponde a una visión en infrarrojo cercano, mientras que la de abajo es en infrarrojo medio.

Te gustaría quizá sumergirte en este remolino cósmico, pero al girar la cabeza un instante hacia el cúmulo de Virgo ves una galaxia especialmente gigantesca en la parte norte del cúmulo. A diferencia de todas las que has visto hasta ahora, esta galaxia no es espiral. Ni siquiera es plana. Tiene la forma de un huevo. Es una galaxia *elíptica* y es cien, tal vez incluso doscientas veces más grande que la Vía Láctea. Es la única galaxia que visitarás en la capital de los cúmulos de Laniakea, pero te reserva una bonita sorpresa.

EL CÚMULO CAPITAL

Acabas de recorrer otros 20 millones de años luz en dirección al cúmulo de Virgo, que ahora se extiende ante ti con sus aproximadamente dos mil galaxias. La galaxia que viste desde el Remolino está en la parte inferior izquierda de esta imagen tomada desde el Observatorio Europeo Austral, en Chile. Está parcialmente oculta por un círculo negro, que, al igual que los otros círculos negros que salpican esta imagen, oculta las cegadoras luces de las estrellas de nuestra galaxia.

Casi todas las manchas amarillas de esta fotografía, sea cual sea su tamaño, son galaxias del cúmulo de Virgo, el más imponente de los cúmulos de Laniakea. Cada una de ellas contiene miles de millones de soles. La galaxia a la que te diriges se llama M87 y es la mayor de todas.

Mientras avanzas, no puedes apartar la vista de ella.

Te parece ver que una especie de chorro emerge hacia abajo, a su derecha...

Es difícil estar seguro a esta distancia, pero a medida que sigues acercándote, pronto ya no hay lugar a dudas.

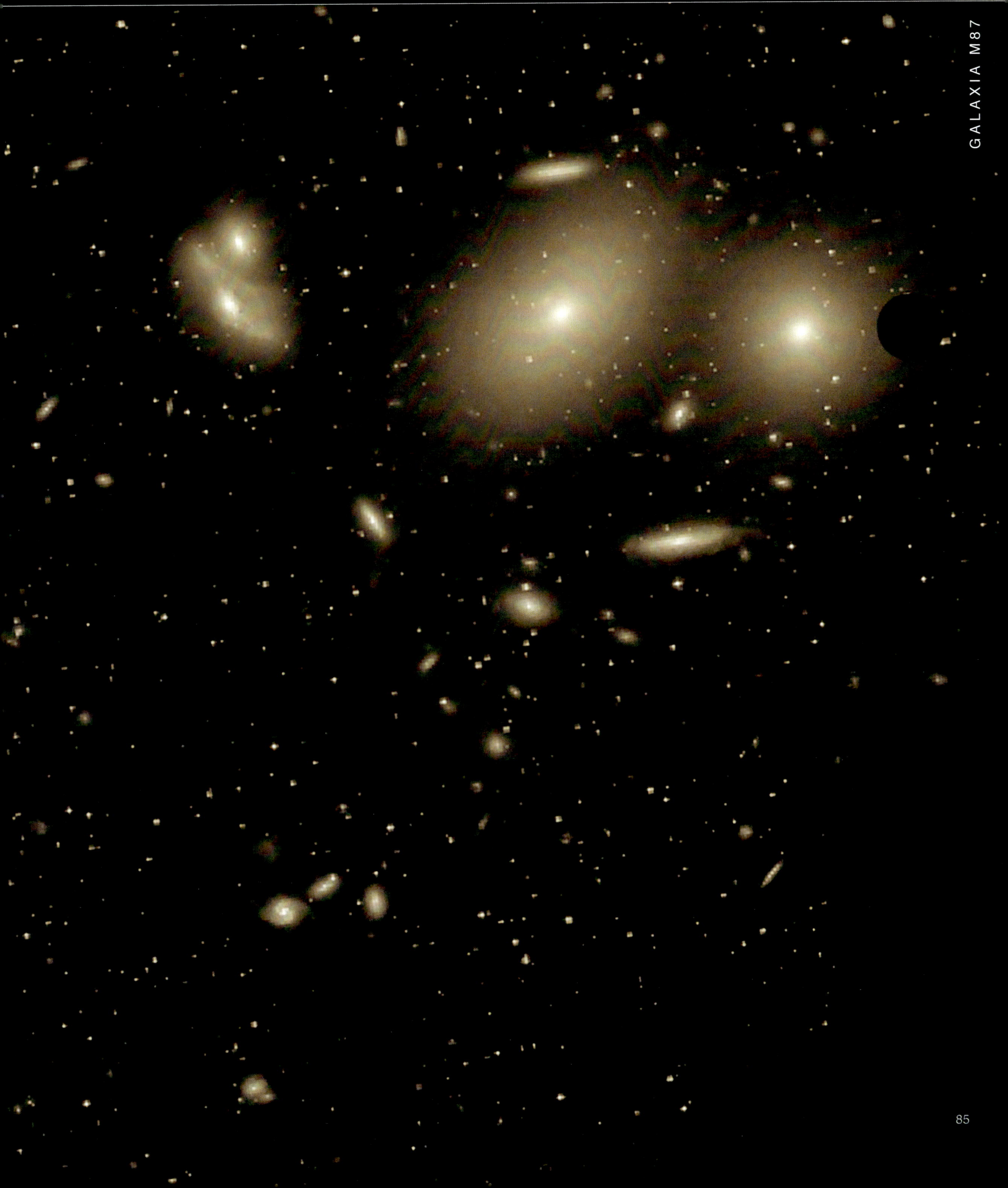

UN CHORRO CÓSMICO

Un chorro emana claramente del centro de M87. Un chorro absolutamente colosal, con una longitud de aproximadamente 5000 años luz. Ni siquiera te atreves a imaginar qué tipo de monstruo tiene el poder de provocar semejante géiser cósmico. Pero la respuesta es obvia: también es un agujero negro. Un agujero negro que no tiene unos pocos miles de veces la masa del Sol, como el del brazo de M74, sino unos 6500 millones de veces. Esta vez se trata de un agujero negro supermasivo. El chorro que expulsa y que se ve aquí está formado principalmente por materia arrancada de estrellas, planetas, rocas y nubes que caen hacia él a velocidades tan grandes que, en lugar de ser engullidos, acaban siendo triturados y propulsados, en forma de gas, a una velocidad cercana a la de la luz.

Se te pasa por la cabeza una idea descabellada. ¿Sería posible acercarse a este agujero negro y ver cómo es? Es cierto que se encuentra dos veces más lejos que el de la galaxia Fantasma, pero es casi un millón de veces más grande. Decides intentarlo, como lo hizo un equipo de físicos liderado por Sheperd S. Doeleman, que tuvo la brillante idea de utilizar los telescopios de siete observatorios para obtener una antena parabólica virtual casi del tamaño de toda la Tierra.

Este telescopio, llamado Event Horizon Telescope en inglés, se orientó entonces hacia el núcleo de esta galaxia. La imagen que obtuvo es la que aparece en la parte superior de la página siguiente. Fue publicada el 10 de abril de 2019. Es la primera imagen que se ha tomado de los alrededores de un agujero negro. No está en colores reales. Para ti, que te acercas mentalmente a este monstruo cósmico —lo que no te aconsejo que hagas en la realidad—, el color que ves del disco de polvo no es naranja, sino azul.

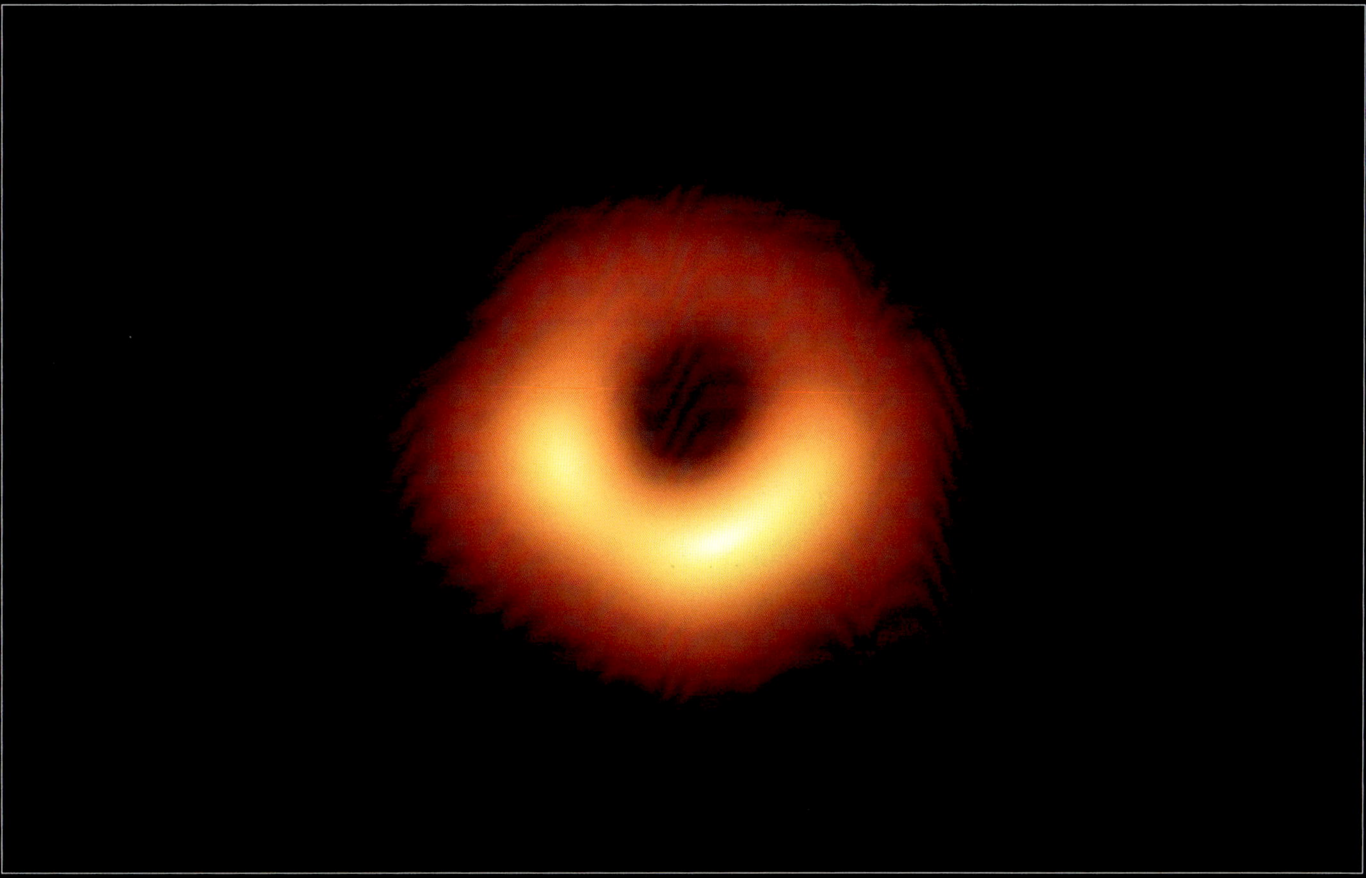

LA PRIMERA FOTO DE UN AGUJERO NEGRO

La forma del disco de materia que rodea este agujero negro fue predicha hace más de treinta años por el físico francés Jean-Pierre Luminet. Las simulaciones que se muestran a continuación confirman lo que él había descubierto... a mano.

En 2023, para complementar la imagen de 2019, el Observatorio Europeo Austral también apuntó sus telescopios hacia el núcleo de M87 para obtener la imagen de abajo a la derecha, donde, por primera vez, se puede ver tanto el agujero negro como el nacimiento de uno de sus chorros.

Fascinado, te preguntas si el James Webb, con su fenomenal resolución, también es capaz de detectar agujeros negros. Miras a tu alrededor, curioso, y otra agrupación de galaxias que forma parte de Laniakea llama tu atención. Solo contiene trece galaxias, pero una de ellas, llamada NGC 7496, ha sido observada por el Webb.

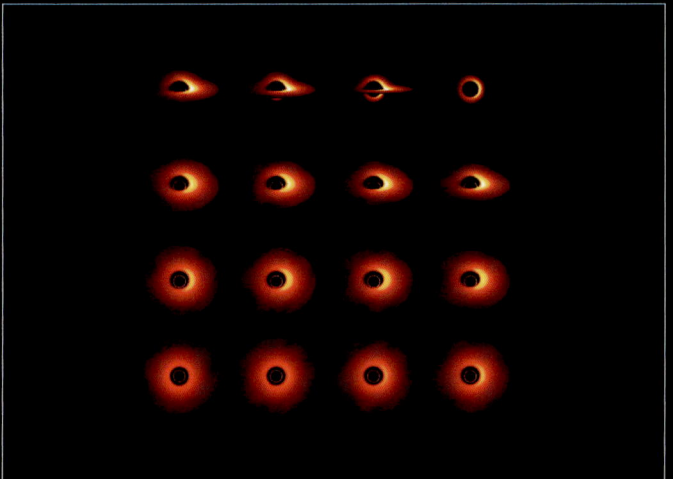

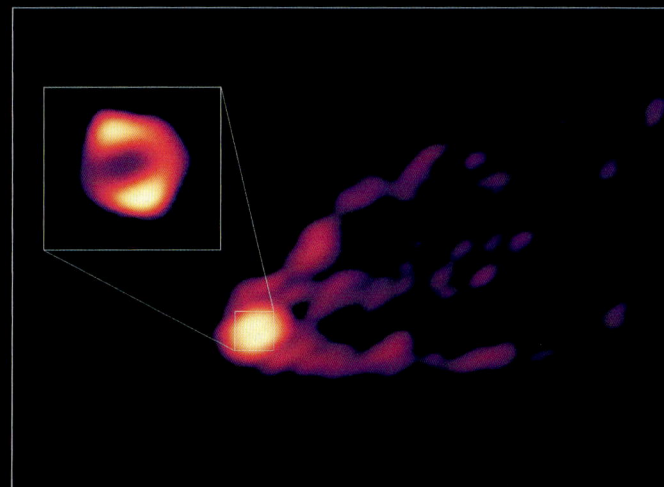

EL WEBB
Y LOS AGUJEROS NEGROS

NGC 7496 se encuentra a unos 70 millones de años luz de la Tierra. En esta imagen, publicada por el Hubble el 30 de mayo de 2022, aparece claramente una barra espiral que atraviesa su núcleo. A las galaxias que tienen esta forma las llamamos *galaxias espirales barradas*. Vistas así en luz visible (y por tanto, en colores reales), no parece que tengan nada de particular.

Pero en infrarrojos, es diferente.

El núcleo de NGC 7496 alberga un agujero negro gigante que atrae el polvo y el gas circundantes. Como en el caso del agujero negro de la página anterior, esta materia se acelera y se calienta tanto al caer hacia él que comienza a irradiar en infrarrojo con una potencia que ciega los sensores del Webb y crea esta magnífica forma de estrella de ocho puntas conocida como *patrón de difracción*. Todos los dispositivos fotográficos tienen un patrón de difracción único y este es característico del Webb. En el futuro, cuando veas una estrella de ocho puntas en una imagen del espacio, sabrás inmediatamente que es una fotografía tomada por el telescopio James Webb. Si es azul o blanca, lo más probable es que se trate de una estrella de nuestra propia galaxia. Pero si se encuentra en el centro de una galaxia lejana y aparece de color rojo, es probable que allí se esconda un agujero negro gigante.

Con esta nueva forma de interpretar las imágenes, ahora tu mirada se dirige a lo que hay más allá de Laniakea, con la esperanza de encontrar en el cosmos lejano pistas sobre la formación y evolución de las propias galaxias y de los agujeros negros gigantes que albergan.

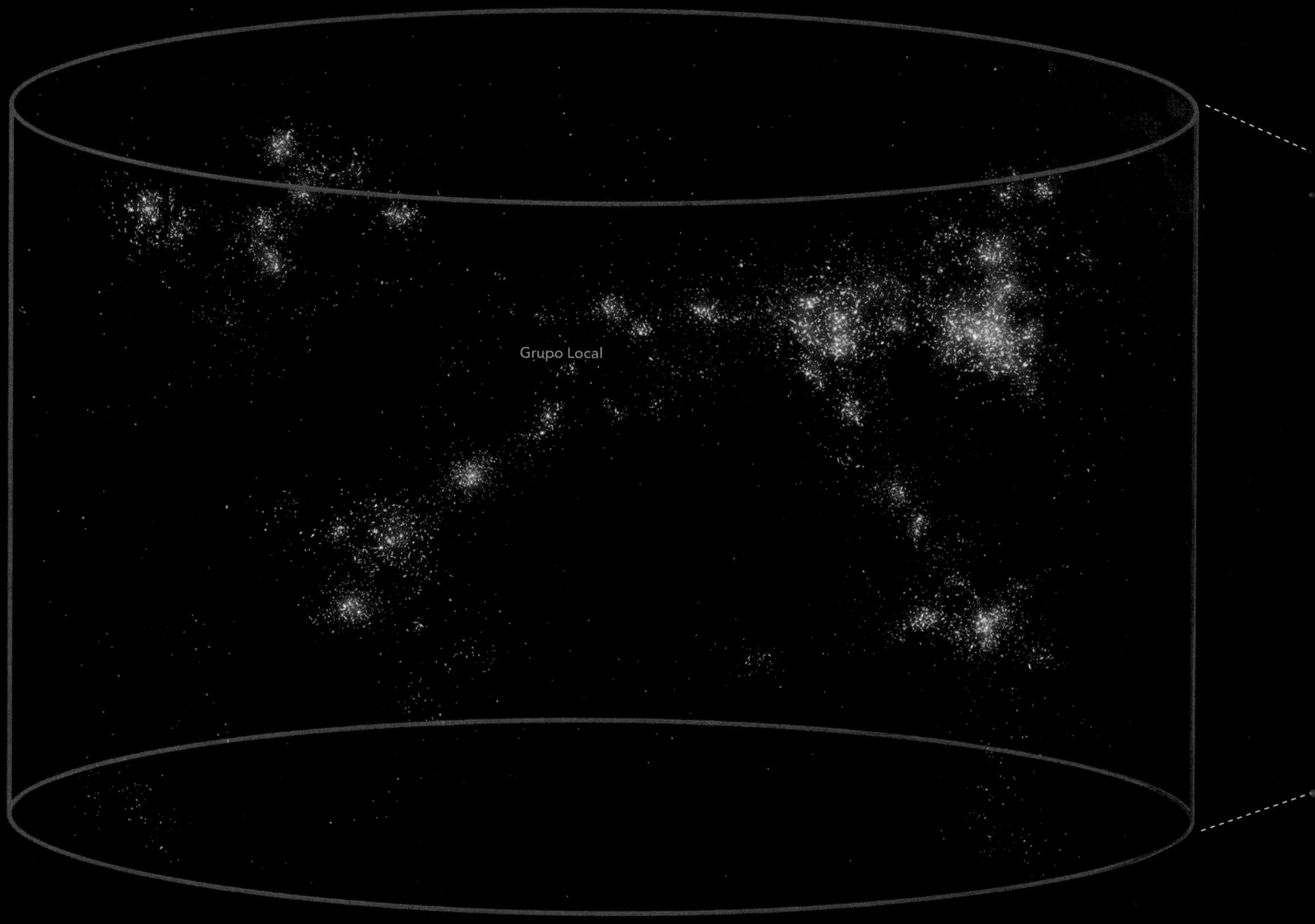

Grupo Local

LANIAKEA

LA FÁBRICA DE GALAXIAS

Acabas de dejar Laniakea y sus 100 000 galaxias para adentrarte en un dominio aún mayor, el de los cúmulos de supercúmulos.

Laniakea, arriba, ahora no es más que una pequeña zona en el mapa de la derecha, mientras que el Grupo Local, formado por la Vía Láctea, Andrómeda, el Triángulo y unas cincuenta galaxias enanas, ya ni siquiera se ve.

Las distancias son ahora tan grandes que te dejaré un momento para que intentes comprenderlas, o más bien digerirlas, lo que debería permitirte darte cuenta de que empiezan a aparecer estructuras: los supercúmulos de galaxias no se disponen aleatoriamente en el espacio. Se extienden a lo largo de filamentos gigantescos que delimitan vacíos cósmicos de dimensiones absolutamente colosales. Se encuentran entre las estructuras más grandes del universo, y su existencia tiende a confirmar la idea de que hay una materia desconocida en el espacio, llamada materia oscura, de la que volverás a oír hablar muy pronto.

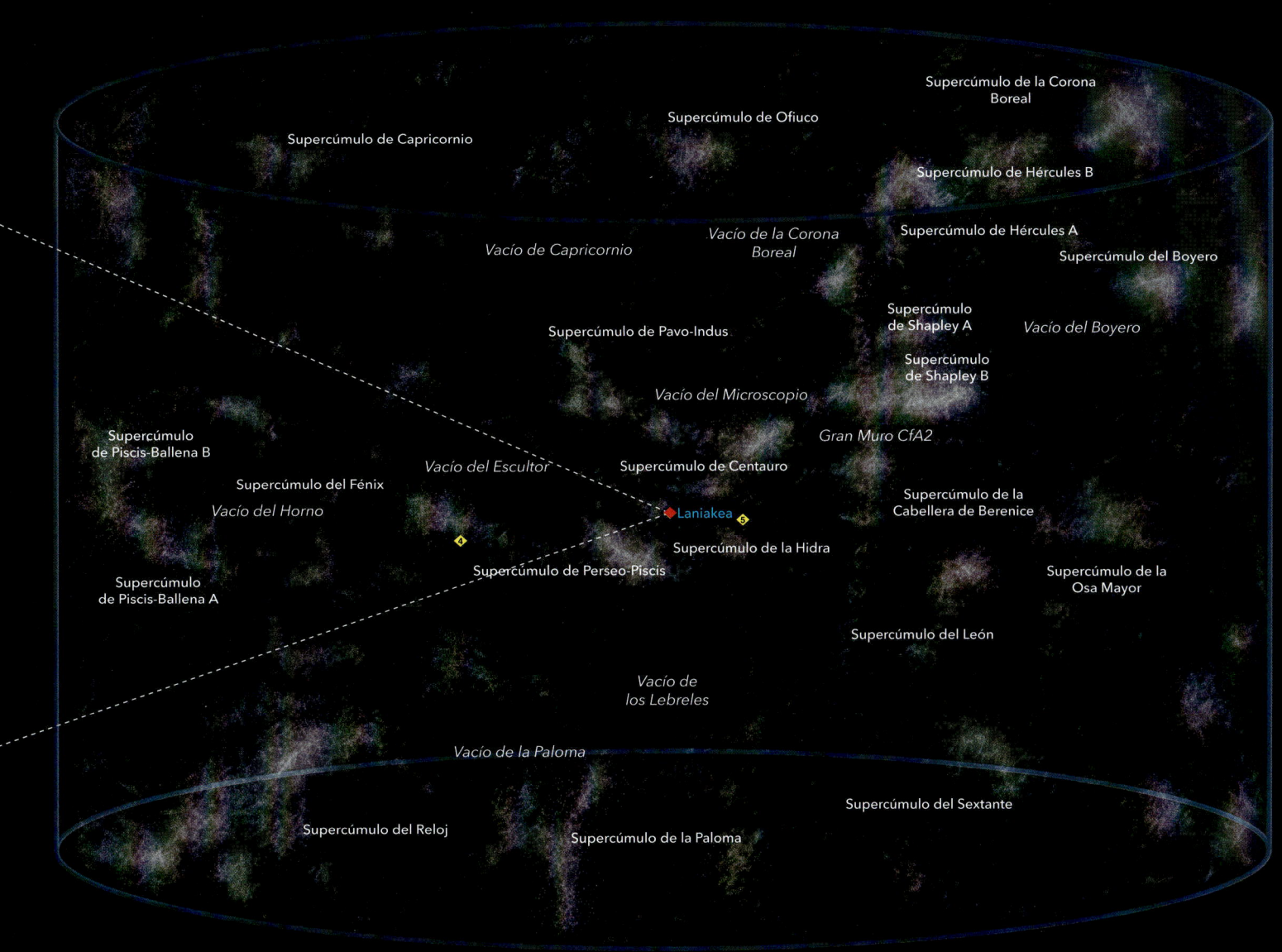

Supercúmulo de la Corona Boreal

Supercúmulo de Ofiuco

Supercúmulo de Capricornio

Supercúmulo de Hércules B

Vacío de la Corona Boreal

Supercúmulo de Hércules A

Vacío de Capricornio

Supercúmulo del Boyero

Supercúmulo de Shapley A

Vacío del Boyero

Supercúmulo de Pavo-Indus

Supercúmulo de Shapley B

Vacío del Microscopio

Gran Muro CfA2

Supercúmulo de Piscis-Ballena B

Vacío del Escultor

Supercúmulo de Centauro

Supercúmulo del Fénix

Supercúmulo de la Cabellera de Berenice

Vacío del Horno

Laniakea

Supercúmulo de la Hidra

Supercúmulo de Perseo-Piscis

Supercúmulo de la Osa Mayor

Supercúmulo de Piscis-Ballena A

Supercúmulo del León

Vacío de los Lebreles

Vacío de la Paloma

Supercúmulo del Sextante

Supercúmulo del Reloj

Supercúmulo de la Paloma

LOS SUPERCÚMULOS LOCALES

Una de las mayores concentraciones de grupos de galaxias conocida en el universo es vecina de Laniakea. Se trata del supercúmulo de Perseo-Piscis. Es tan grande que cubre casi la mitad del cielo en el hemisferio norte. Sin embargo, sus galaxias están demasiado lejos para que podamos percibir su luz a simple vista. Las más cercanas se encuentran a más de 200 millones de años luz de la Tierra.

Allí ◆ es hacia donde te diriges.

91

COLISIÓN GALÁCTICA

Tu primera parada dentro del supercúmulo de Perseo-Piscis es frente a las dos galaxias de la página contigua. Desde la Tierra, habrías tenido que viajar durante 220 millones de años a la velocidad de la luz para alcanzarlas.

La más grande de las dos (la de arriba) fue observada por primera vez en 1784 por Herschel (nuevamente él). La otra, más pequeña, fue descubierta por el astrónomo francés Guillaume Bigourdan en 1891. Por supuesto, ni Herschel ni Bigourdan podían imaginar que estas galaxias estaban tan lejos ni cuál era su verdadera forma. Sus telescopios no les permitían verlas tan claramente como en esta imagen, que es de 2022 y es una superposición de siete imágenes tomadas por el Hubble.

Las galaxias en el espacio se clasifican según su forma y la mayoría de ellas pertenecen a una de estas dos clases: las elípticas, como M87, con su gigantesco agujero negro de la página 85, y las espirales (barradas o no), como la mayoría de las que has visto hasta ahora. La nuestra, la Vía Láctea, es una galaxia espiral barrada.

Pero ¿por qué? ¿Por qué predominan estos dos tipos de galaxias?

Para responder a estas preguntas, el astrónomo Halton Arp se interesó en las galaxias que no tenían estas formas habituales. La idea era que estas galaxias, llamadas *irregulares*, debían estar en transición, que estaban cambiando de forma para, tal vez, convertirse en elípticas o espirales. Arp recopiló sus observaciones en un atlas de galaxias peculiares, conocido simplemente como *Arp*.

Las dos galaxias representadas aquí constituyen la entrada Arp 298 de este catálogo.

Sin duda reconocerás las ya familiares manchas rosadas, esas nubes donde están naciendo estrellas. Y aunque aquí aún es bastante leve, seguramente también puedes adivinar el efecto que estas galaxias tienen una sobre la otra. Por ejemplo, un filamento de la pequeña galaxia IC 5283, en la parte inferior, está empezando a separarse de ella para unirse a la más grande, llamada NGC 7469, que ha comenzado a atraerlo hacia sí.

Los científicos habían llegado más o menos a este punto en su análisis de este encuentro cósmico cuando, en diciembre de 2022, el satélite James Webb observó la galaxia más grande de las dos en infrarrojo.

Entonces apareció una sorprendente fuente de luz en su centro.

UN NÚCLEO GALÁCTICO ACTIVO

En infrarrojos, la imagen del Webb que ves aquí revela que del corazón de NGC 7469 emana una luz de una intensidad asombrosa. Hay tanta energía infrarroja en esta radiación como en la suma de todos los cientos de miles de millones de estrellas que contiene nuestra galaxia. Esto significa que allí hay un agujero negro supermasivo y que la materia está cayendo hacia él. A estos agujeros negros se los denomina *núcleos activos de galaxias* (AGN, por sus siglas en inglés). Se ha observado que algunos AGN expulsan materia a velocidades que pueden superar los seis millones de kilómetros por hora, lo que crea chorros similares al de M87 de la página 86.

El físico francés David Elbaz ha demostrado, además, que estos chorros pueden viajar tan lejos en el espacio que a veces pueden chocar directamente con otras galaxias y provocar así el nacimiento de miríadas de estrellas en el lugar del impacto.

Sorprendentemente, la pequeña galaxia que NGC 7469 está atrayendo hacia sí y de la que solo se ve un pequeño fragmento en la parte inferior izquierda de la imagen, no parece tener un agujero negro gigante en su centro. Nadie sabe por qué.

Como ya sabes, los patrones de difracción de ocho puntas son característicos del Webb y pueden deberse a estrellas de la Vía Láctea (al estar mucho más cerca, brillan mucho más y pueden saturar los sensores) o a materia que está colapsando en un agujero negro. En esta imagen, además del agujero negro situado en el centro de NGC 7469, hay tres estrellas de la Vía Láctea, que dejaré que descubras por ti mismo.

Todos los demás objetos de esta fotografía son galaxias. Así que aún te queda mucho para llegar al final del espacio. Si es que tiene algún final.

Vuelves a escrutar el horizonte y ahora te diriges hacia un pequeño grupo brillante que parece estar formado por cuatro galaxias. Se encuentran a unos 70 millones de años luz de ti, a casi 300 millones de años luz de la Tierra.

EL QUINTETO DE CUATRO

En estas dos imágenes hay cinco galaxias, no cuatro, pero una de ellas no está ni mucho menos a la misma distancia que las demás. La azul y rosa, en la parte superior izquierda, se llama NGC 7320. Se encuentra a unos cuarenta millones de años luz de la Tierra. Las otras cuatro están a más o menos 300 millones de años luz. El conjunto recibió el nombre de Quinteto de Stephan, en honor al astrónomo francés Édouard Stephan, que descubrió este pequeño grupo en 1878 desde el observatorio de Marsella. Al igual que Herschel y Bigourdan en el dúo de galaxias que acabas de dejar, Stephan no tenía ni idea de la distancia a la que se encontraban estos objetos, ni tampoco de su naturaleza. La mayoría de los científicos de la época pensaban que las cinco eran vecinas, lo que no es cierto. Desde donde te encuentras, a más de 250 millones de años luz de la Tierra, solo ves las cuatro galaxias que aparecen en naranja. La quinta está muy por detrás de ti, entre la Tierra y tú.

La fotografía de la página de la izquierda fue publicada por el Hubble en 2009. Es, por supuesto, una imagen fija, pero los pocos filamentos de estrellas que aparecen en ella, especialmente en el centro y en la parte superior de la página, dan la impresión de que estas galaxias se están quitando parte de sus estrellas. Incluso parece que las dos del medio están chocando entre sí.

Para comprobarlo, añades a la imagen del Hubble las observaciones en rayos X del telescopio espacial Chandra. Inmediatamente aparece un arco gigantesco (a la derecha, en azul), que indica el lugar donde enormes cantidades de gas y polvo están chocando a velocidades vertiginosas.

Esta fotografía también es de 2009.

Y en 2022 llegó el James Webb.

CHOQUES
Y AGUJEROS NEGROS

Este es el Quinteto de Stephan visto por el Webb en julio de 2022.

Se puede observar que la violenta interacción entre las tres galaxias en la parte superior derecha está provocando enormes movimientos de materia, así como el nacimiento de millones de estrellas a lo largo de gruesos filamentos anaranjados.

Como verás unas páginas más adelante, el espectro de la luz emitida por estas tres galaxias nos permite conocer su velocidad, por lo que sabemos que la del medio está chocando con las otras dos a más de 900 kilómetros por segundo. Este impacto calienta el polvo de los filamentos a varios millones de grados, lo que hace que emitan radiación infrarroja, captada aquí por el Webb, y rayos X, captados por Chandra en la página anterior. Pronto, estas tres galaxias se fusionarán en una sola, pero eso llevará millones de años. Mientras tanto, algo más está despertando tu curiosidad en esta imagen, algo que te parece extraño, pero que te cuesta identificar.

Al pasar de la imagen del Hubble a la del Webb (es decir, de la página 96 a esta), te fijas en los numerosos filamentos de polvo. Todos parecen confirmar la idea de una colisión, excepto dos, en la galaxia de arriba. Al mirarla más de cerca, te das cuenta de que dos filamentos de polvo que emanan de su centro no están arqueados; uno de ellos se dirige hacia arriba mientras que el otro se dirige hacia abajo.

No es evidente, porque estos dos filamentos son del mismo color que todos los demás. Si no estás seguro de estar mirando los correctos, dos pequeñas flechas te confirmarán cuáles son.

Seguro que estos chorros te recuerdan a algo. Ya has visto uno parecido en la página 86. «Un agujero negro...» puedes estar pensando. Si es así, tienes toda la razón.

Allí, en el núcleo de la galaxia que está más arriba, hay un agujero negro gigante, que expulsa materia a velocidades de vértigo a distancias astronómicas.

La galaxia se llama NGC 7319 y el agujero negro supermasivo que contiene brilla como 40 000 millones de soles. Otra imagen del Webb, tomada en el infrarrojo medio, te convencerá aún más.

LA PARTE SUPERIOR
DEL QUINTETO...

Esta imagen confirma la presencia de un agujero negro gigante en el corazón de NGC 7319: la materia que calienta al atraerla hacia su interior brilla tanto en el infrarrojo que crea este nuevo patrón de difracción típico del Webb. Pero este patrón no ha impedido que los instrumentos del telescopio recogieran la luz procedente específicamente de esta dirección. Gracias a ello, ha sido posible determinar los espectros de la materia que contiene la nube que gira alrededor del agujero negro y de uno de los chorros (el que parte hacia arriba en la imagen de la página anterior, y que se puede distinguir también aquí).

Los resultados, publicados en julio de 2022, se resumen en los gráficos de la página siguiente.

Esta fue la primera vez que se analizó la composición de la materia alrededor de un agujero negro activo en el centro de una galaxia lejana.

... Y LA COMPOSICIÓN DE SU AGUJERO NEGRO

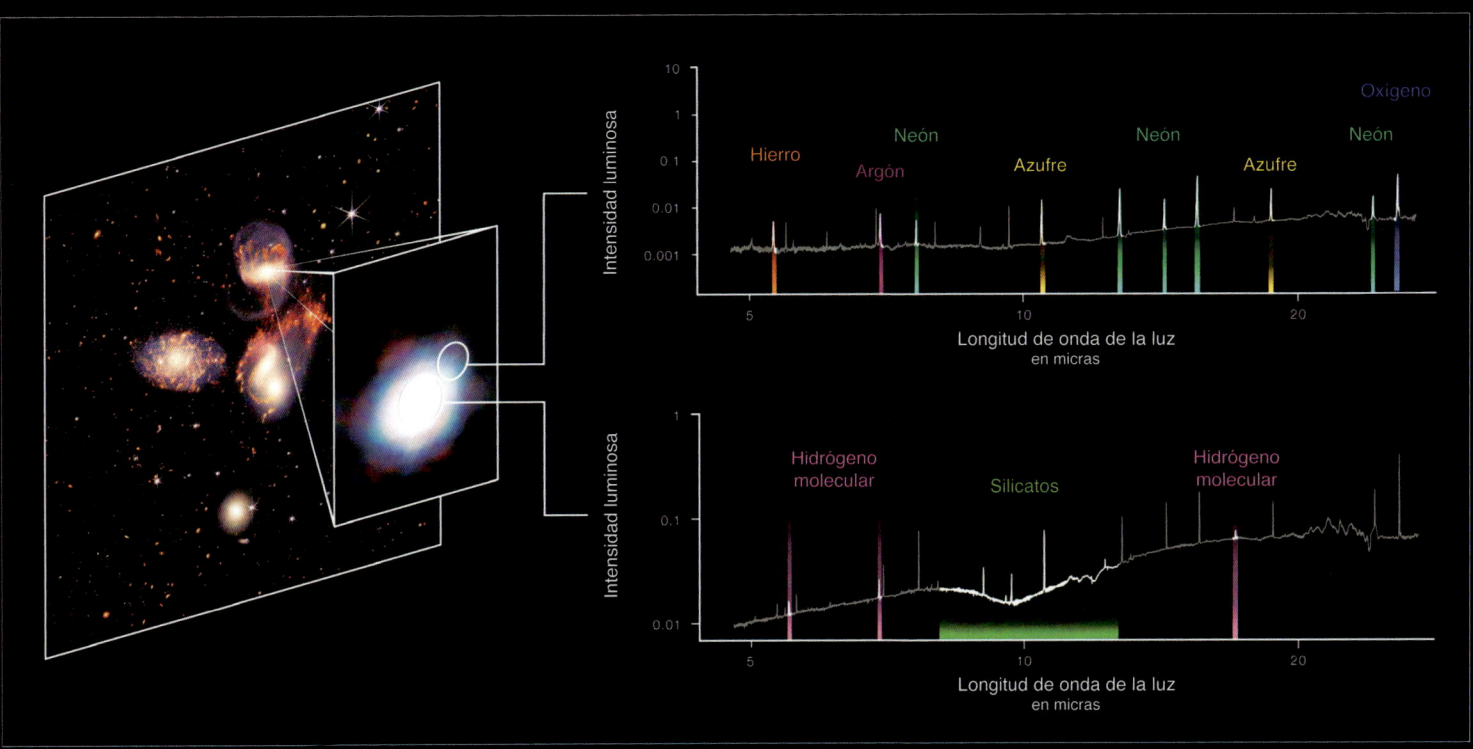

He aquí el análisis de un espectro realizado por el Webb.

Los dos gráficos anteriores pueden parecer muy técnicos, pero en realidad no lo son. Se ve fácilmente que aparecen picos que corresponden a longitudes de onda muy concretas. Son estas longitudes de onda las que los científicos comparan con las que aparecen en los espectros de elementos conocidos en la Tierra. Cuando una o varias líneas coinciden, se considera que se ha identificado la fuente de esa o esas líneas. En el chorro (espectro de arriba), este es el caso del hierro, el argón, el neón, el azufre y el oxígeno, pero también se han identificado moléculas más complejas más cerca del agujero negro (espectro de abajo).

Como ocurre con el Sol, a veces no sabemos a qué elemento o molécula atribuir ciertos picos. Ahora bien, como aún no se conocen todos los espectros de todos los elementos presentes en la Tierra, esto no significa necesariamente que estemos ante materia extraterrestre desconocida. Pero tampoco lo descarta.

En cualquier caso, aunque se encuentre a varios cientos de millones de años luz de nosotros, parece que la materia que mueve este agujero negro es idéntica, al menos en parte, a la que conocemos en la Tierra, lo que confirma una vez más la universalidad de las leyes de la naturaleza.

El Quinteto de Stephan está lejos, muy lejos de nosotros, pero como sugieren todos los puntos minúsculos esparcidos por las imágenes que acabas de observar, hay muchas galaxias aún más lejanas.

Antes de dirigirte hacia ellas, te das la vuelta casi sin querer para mirar una galaxia que te atrae como si te estuviera llamando, como si tuviera un significado muy especial para ti.

Desde la superficie de la Tierra, la galaxia en cuestión aparece en el centro de esta fotografía (está indicada con una pequeña flecha). Está muy por detrás de los miles de estrellas que salpican la imagen y que, en este caso, pertenecen a la Vía Láctea. Su nombre es NGC 3256. Se adivina una especie de cabellera, como un flequillo que sale hacia la izquierda y se alarga hacia abajo. Para verla un poco mejor, el Hubble apuntó su telescopio hacia allí, lo que produjo la imagen de la derecha, una imagen que, si bien es muy bonita, no necesariamente explica por qué te has detenido en ella.

Esta galaxia (es la marca ◈ del mapa de la página 91) se encuentra a 120 millones de años luz de nosotros, en el supercúmulo de Hidra-Centauro, al otro lado de la Tierra desde donde la estás observando.

Las dos fotos que ves aquí se tomaron en 2018. En la próxima página verás la del Webb.

HIPERACTIVIDAD GALÁCTICA

A primera vista, puede que esta imagen infrarroja de NGC 3256 publicada el 3 de julio de 2023 por el James Webb no parezca extraordinaria, pero cuando recordamos que los colores rojo y naranja corresponden a la radiación emitida por el polvo que se calienta debido a la intensa actividad de las estrellas jóvenes, comprendemos rápidamente que esta galaxia está en plena efervescencia, absolutamente por todas partes. Hay tantas estrellas jóvenes que los científicos están convencidos de que solo puede ser el resultado de una colisión entre dos galaxias, una colisión que habría comenzado hace unos 500 millones de años.

Y de repente entiendes por qué te ha conmovido esta galaxia: en el infrarrojo, se parece a la Vía Láctea. Contemplarla así es como ver nuestra galaxia cuando era muy joven, envuelta como esta en un halo de luz azulada, un halo creado por innumerables estrellas expulsadas por una colisión y que ahora vagan por el espacio, lejos de la acción. Casi se pueden distinguir individualmente en esta imagen. Algunas puede que hayan desaparecido ya, pero otras seguramente siguen ahí, con planetas a su alrededor.

Contemplando NGC 3256 desde donde te encuentras, cerca del Quinteto de Stephan, reflexionas sobre la posibilidad de que nuestra galaxia sea realmente el resultado de una colisión. Entre las Nubes de Magallanes, las galaxias del Quinteto y esta, te parece que las colisiones de galaxias no son tan raras en el universo, y de repente empiezas a preocuparte no por el pasado de la Vía Láctea, sino por su futuro.

Así que, con cierta inquietud, giras la cabeza a derecha e izquierda en busca de una visión algo más tranquilizadora.

Unos instantes después, suspiras aliviado al ver un bonito corazón que brille en la noche cósmica. Un corazón siempre es reconfortante.

EL FABULOSO DESTINO DE LA VÍA LÁCTEA

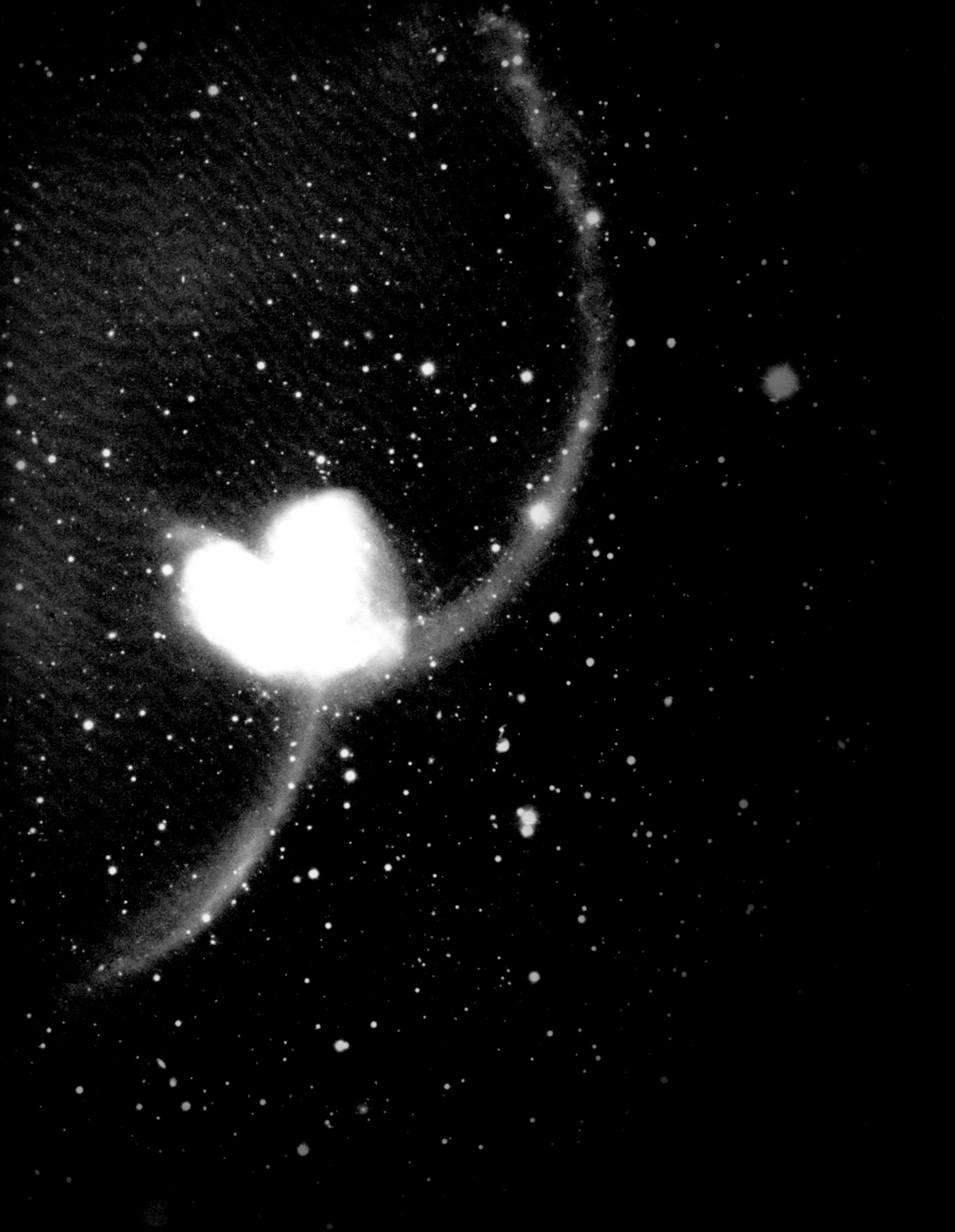

UN CORAZÓN CON ANTENAS

Por sus gigantescas antenas —y no por el corazón que forman—, los objetos en blanco y negro de la página anterior han recibido el sobrenombre de galaxias de las Antenas.

«Las» galaxias, porque todavía hay dos en esta imagen, acaban de empezar a colisionar.

Fueron descubiertas por Herschel (él de nuevo), que una vez más creyó ver una simpática nubecilla dentro de la Vía Láctea. Pero tú sabes que estas antenas están mucho más lejos, porque las ves flotando en el espacio a 65 millones de años luz de la Tierra.

La imagen en blanco y negro de la página anterior se tomó desde la superficie de la Tierra, pero esta que ves aquí la tomó el Hubble desde el espacio. Se publicó en 2006, justo después de que un equipo de astronautas fuera a colocarle una nueva cámara, de una precisión extraordinaria. Los antiguos núcleos de las dos galaxias se muestran en amarillo. Aquí es donde se encuentran las estrellas más antiguas del conjunto. Las estrellas recién nacidas aparecen en azul. Estas irradian su potente luz sobre las guarderías que las vieron nacer, que aquí se muestran en rosa. Hay miles de ellas. Ya has visto estas guarderías en otras galaxias en colisión, y sabes que se originan por el choque frontal de nubes de gas y polvo. Los filamentos marrones, por su parte, son gigantescas estelas de polvo que una vez rodearon los dos núcleos y que ahora comienzan a mezclarse. También ellos darán lugar a estrellas más adelante.

GALAXIAS DE LAS ANTENAS (NGC 4038 Y NGC 4039)

109

LA VIOLENCIA DE LOS CORAZONES

Mucho más lejos, a 500 millones de años luz de nosotros, el Hubble encontró otro corazón, otra pareja de galaxias que están fusionándose. Es la imagen que se muestra a continuación, publicada en 2006. El objeto se llama ZW II 96.

Una de las dos galaxias, cuyos brazos espirales aún pueden verse, forma el lóbulo derecho. La otra galaxia, más pequeña y situada en el centro, fue en su día una espiral, pero ya no lo es. Sus brazos han desaparecido y se han convertido en los filamentos que forman todo el lóbulo izquierdo. Ha quedado mucho más afectada por la fusión que la grande. Es su antiguo núcleo el que brilla con un blanco intenso.

El telescopio Webb también tomó una imagen en infrarrojo de esta colisión. Se publicó en noviembre de 2022.

Los violentos choques de las nubes de polvo convertidas en guarderías estelares destacan en color naranja. Más de cien estrellas nacen cada año en el interior de este núcleo. En comparación, la Vía Láctea tiene un promedio de solo siete estrellas nuevas al año.

Es muy posible que algunas de las gigantescas estrellas nacidas de esta colisión hayan explotado y se hayan convertido ya en agujeros negros. El telescopio espacial Chandra ha detectado miles de ellos en otras galaxias, por todo el universo.

ANDRÓMEDA Y NOSOTROS

Los telescopios espaciales Webb, Hubble y Chandra no se diseñaron para ver la misma luz. Se complementan y nos dan visiones diferentes de la misma realidad, lo que reduce las posibilidades de malinterpretar lo que vemos, una precaución especialmente importante cuando nos planteamos cuestiones como el probable destino de la Vía Láctea.

Porque así como la galaxia de la bella cabellera (NGC 3256, pp.102 a 104) nos mostró el probable pasado de nuestra galaxia, un buen número de astrofísicas y astrofísicos piensan que los corazones que acabas de ver nos ofrecen un anticipo de su futuro, de lo que ocurrirá cuando la Vía Láctea colisione con la galaxia de Andrómeda.

Después de leer esto, es lógico detenerse un momento. ¿Una colisión con Andrómeda? ¿Es este realmente el destino de nuestra galaxia? La idea no te atrae, en absoluto.

Todavía cerca del Quinteto de Stephan, cierras los ojos para intentar imaginar cómo podría ser esta colisión. Al asimilar, como una inteligencia artificial, todos los datos adquiridos por la humanidad en los últimos años, tu imaginación los transforma en una imagen que aparece rápidamente en tu cabeza. Es el cielo de la Tierra por la noche.

Es una visión del presente que evolucionará rápidamente hacia otra imagen, y luego a otra. Una sucesión de visiones del futuro, una fotonovela del cielo de nuestro mundo tal y como será durante los próximos miles de millones de años, según nuestra comprensión de la gravedad.

1/7

EL FUTURO DE LA VÍA LÁCTEA

Esta es la primera imagen que te ha venido a la cabeza. Es el cielo actual que se observa desde el hemisferio norte en una noche de otoño. Ahí está Andrómeda. Es la mancha oblicua que se ve hacia el centro, a la izquierda de la banda de la Vía Láctea. Por ahora, la mancha es pequeña, lo cual es tranquilizador, pero el análisis de su luz indica que se acerca a nosotros a una velocidad de unos 300 km por segundo.

2/7

Acaban de pasar 3750 millones de años. Incluso perdido en el espacio, incluso con los ojos cerrados, no has podido evitar sobresaltarte al ver de repente a Andrómeda mucho más grande en el cielo. La situación es mucho menos tranquilizadora que en la imagen anterior, pero hay que reconocer que un cielo así es bastante bonito.

3/7

Cien millones de años después, ya no reconoces absolutamente nada
en el cielo. La colisión entre Andrómeda y la Vía Láctea ha comenzado.

4/7

Las noches pasarán a tener este aspecto cincuenta millones de años más tarde, y uno no puede evitar preguntarse qué tipo de extrañas filosofías se les ocurrirán a los habitantes de esta Tierra futura para justificar semejante espectáculo.

5/7

Cien millones de años más tarde y, por última vez en su existencia, la Vía Láctea y Andrómeda vuelven a ser visibles por separado. Las contemplas con cierta emoción. Especialmente la Vía Láctea, que ahora parece estar lista para envolver y acoger a Andrómeda.

Sorprendentemente, el temor que sentiste al enterarte de que podría producirse esta colisión ya se ha disipado. Lejos de destruirlo todo, las colisiones de galaxias suelen preservar las estrellas y sus planetas, ya que hay un gran espacio entre ellos.

Sin embargo, no ocurre lo mismo con las nubes de gas y polvo, que, al ocupar volúmenes gigantescos, no tienen más opción que chocar entre sí y desencadenan a su vez un auténtico frenesí de nacimientos de estrellas que iluminan las propias nubes.

117

6/7

Ahora que en tu imaginación han pasado cinco mil millones de años, te invade un sentimiento de orgullo. Inicialmente, pertenecíamos a la segunda galaxia más grande del Grupo Local. Pero ya no es así. Puede que la Vía Láctea ya no exista, pero ahora formamos parte de un gigante en construcción, un gigante que está a punto de hacerse aún más grande, porque la galaxia del Triángulo que visitaste al principio de tu aventura ya se está acercando.

7/7

Tu sueño del futuro se detiene ante la visión del cielo de esta imagen, el de una noche que tendrá lugar dentro de siete mil millones de años. Entonces, nuestro Sol habrá desaparecido hace mucho tiempo y la Tierra ya no será la misma que conocemos hoy. Los días y las noches, si estos dos conceptos siguen teniendo sentido, ya no estarán ligados al Sol. La humanidad, si aún existe, habitará otro mundo.

Al formular esta idea, te invade cierta melancolía y abres los ojos de par en par. Sigues cerca del Quinteto de Stephan, pero de repente ya no quieres estar allí. Quieres regresar a casa y volver a ver tu cielo de siempre, con sus días y sus noches, sus estrellas y su Sol, su Luna y su Vía Láctea. Quieres volver a verlo todo antes de que desaparezca para siempre, aunque eso no sucederá hasta dentro de varios miles de millones de años.

Miras en dirección a la Vía Láctea y no ves más que un fondo negro cósmico salpicado de galaxias apenas visibles.

Sin embargo, una de ellas es la tuya, y parece que sabes dónde está, como si te enviara una señal inconsciente. Sigues tu intuición y das media vuelta, directo hacia la señal. Las galaxias desfilan ante ti. Los años luz pasan. Piensas en el futuro de nuestra galaxia y te preguntas si la reconocerías si la volvieras a ver dentro de cinco o seis mil millones de años.

Y, de pronto, te asalta otra pregunta.

Como casi todas las galaxias del universo, la Vía Láctea tiene un agujero negro en su centro. Se encuentra a 26 673 años luz de la Tierra y tiene casi 4 millones de veces la masa del Sol. Andrómeda también tiene uno. Es incluso setenta veces más grande. ¿Qué les ocurrirá cuando las galaxias colisionen? ¿Chocarán entre sí?

Como si quisiera susurrarte la respuesta, una galaxia comienza a brillar en la oscuridad de la noche.

Es enorme. Te dispones a desviarte y te diriges hacia ella para

LA COLISIÓN DE DOS AGUJEROS NEGROS

En el catálogo Arp de galaxias peculiares, esta galaxia aparece con el número 220. Se encuentra a unos 250 millones de años luz de la Tierra.

La inmensa mayoría de los cientos de miles de millones de estrellas que componen la Vía Láctea brillan mucho menos que el Sol, pero las estrellas de Arp 220 brillan tanto que esta galaxia ilumina el espacio como cien veces la Vía Láctea. Si nuestra galaxia estuviera cerca de ella en la imagen contigua, ni siquiera la veríamos. O quizá tan solo un pequeño punto, a la altura de su núcleo.

Pero ¿cómo es posible que una galaxia brille tanto? Los científicos creen que para eso tiene que producirse una colisión, y que solo una colisión de dos galaxias puede hacer que las nubes de gas y polvo choquen unas contra otras a velocidades suficientes para emitir tanta radiación y dar lugar a tantas estrellas.

Solo hay una galaxia en esta imagen publicada por el Webb el 17 de abril de 2023, pero en otro tiempo hubo dos, cuyas formas originales ya ni siquiera se distinguen. Su colisión comenzó hace 700 millones de años y está a punto de terminar. Lo que ves aquí se parece a lo que acabarán siendo la Vía Láctea y Andrómeda. Las galaxias en forma de corazón son el principio de una colisión; tanto Arp 220, en este caso, como NGC 3256, hace unas páginas, son el final. Ahora que sabes esto, lo que llama tu atención es el patrón de difracción que destaca en el centro.

Recuerdas que el James Webb ve el infrarrojo, que todo en esta imagen está en infrarrojo y que, por tanto, el patrón de difracción indica dónde se encuentra la más potente de estas fuentes de luz, una fuente que tiene la potencia de cientos de miles de millones de estrellas.

Tal vez un solo agujero negro podría ser capaz de emitir con esta intensidad, pero aquí hay dos. Dos agujeros negros gigantes se precipitan el uno hacia el otro. Cada uno de ellos se encontraba en el centro de sus galaxias de origen y ahora van camino de colisionar, calentando todo lo que encuentran a su paso y todo lo que hay entre ellos, creando este cegador resplandor de luz infrarroja.

En esta imagen, 1200 años luz los separan, una distancia que se acorta de forma alarmante. Si aún no ha ocurrido, si no es ya demasiado tarde, cualquiera que aún *vivierá* en este rincón del cosmos haría bien en pensar seriamente en mudarse. *Vivierá*, sí, no es un error de conjugación. Es a la vez un pasado para los que viven allí y un futuro para nosotros, que vemos su historia con un desfase de 250 millones de años. Así que es un «paturo», o un «fusado», un pasado-futuro o un futuro-pasado.

Cuando sea posible viajar al espacio profundo, habrá que inventar otros tiempos verbales. Espero que se enseñen en la escuela desde una edad muy temprana, de lo contrario nadie entenderá nada.

Sin embargo, no es la conjugación de los tiempos verbales lo que te preocupa, sino que la Tierra (o cualquier otro hogar cósmico adoptado por la humanidad) tenga que sufrir algún día las consecuencias de la colisión de nuestro agujero negro y el de Andrómeda. Y al pensar en ello, esta vez es una estela de luz la que llama tu atención. Una estela muy extraña.

EL PROBLEMA DE LOS TRES CUERPOS

La estela en cuestión es la línea blanca que se ve en el recuadro ampliado de la imagen contigua del Hubble. La foto es de hace unos años, pero un equipo de científicos la ha rescatado recientemente para analizarla.

Anteriormente se pensaba que esta estela se debía a un rayo cósmico, una partícula ultraenergética que habría incidido en los sensores del Hubble. Pero, tras un segundo análisis, se dieron cuenta de que su luz estaba tan desplazada hacia el rojo como la de la pequeña mancha de la esquina superior derecha del recuadro, y que esta mancha era una galaxia situada a casi 7000 millones de años luz de nosotros. La estela y la galaxia no solo estaban mucho más lejos que cualquier otro lugar que hayas visitado hasta ahora, sino que también estaban relacionadas entre sí.

Los científicos comprendieron entonces lo que era esa estela. No podían creer lo que veían sus ojos ni sus neuronas, pero publicaron sus conclusiones en abril de 2023.

Las galaxias generalmente tienen un único agujero negro gigante en su centro, pero en ocasiones tienen dos, como es el caso de Arp 220, que hemos visto anteriormente, cuando dos galaxias se fusionan. Pero aquí, en esta galaxia, no había ni uno solo. Cero. Para explicarlo, los científicos pensaron que en algún momento en el pasado debió de haber tres.

Esta galaxia entonces podría ser el resultado de la fusión de tres galaxias, y estudiarla nos mostraría qué ocurrirá cuando la galaxia del Triángulo colisione con Andrómeda y la Vía Láctea.

Imagina tres galaxias que se están aproximando entre sí. Sus brazos en espiral, si los tienen, se estiran y se entrelazan. Las nubes de polvo chocan con violencia y comienzan a brillar en infrarrojo al ritmo de las estrellas que van naciendo en su interior. Los núcleos de las galaxias también se acercan y los gigantescos agujeros negros que contienen se aproximan inexorablemente. Si solo fueran dos, tarde o temprano se fusionarían. Pero son tres.

Es el famoso problema de los tres cuerpos.

En la práctica, no existe realmente una trayectoria estable: uno de los tres cuerpos casi siempre es expulsado por los otros dos, como una piedra lanzada por una honda. Pero, como en este caso, la piedra y la honda son agujeros negros gigantes, la honda también termina siendo expulsada en la dirección opuesta.

Si esto es lo que sucedió realmente en el corazón de la lejana galaxia que se ve arriba, entonces explicaría por qué ya no tiene un agujero negro gigante e incluso podríamos ser capaces de ver uno o dos de los tres que una vez tuvo, pero alejándose de ella.

Y aquí es donde entra en juego la estela. En la parte de delante, alejándose de la galaxia, hay un agujero negro. Va en cabeza. A su paso, crea un remolino de polvo que brilla porque allí están naciendo estrellas.

La línea que se ve en la imagen no se debe a un rayo cósmico.

Es una senda de estrellas que nacen en la estela de un solitario agujero negro gigante, tal vez expulsado de su galaxia por otros dos agujeros negros que aún no se han detectado.

No me atrevo a imaginar la sorpresa (y el pánico) de un viajero cósmico que se topara por casualidad con uno de ellos, así que te recomiendo que mantengas los ojos bien abiertos durante el camino que te queda por recorrer antes de volver a la Tierra.

No sabemos si este escenario será el nuestro, porque lo que es válido para tres agujeros negros supermasivos no tiene por qué serlo para dos. Andrómeda y la Vía Láctea solo tienen un agujero negro cada una y es posible que se fusionen antes de que el del Triángulo se les una.

Al pensarlo, te das cuenta de que te gustaría saber qué son realmente los agujeros negros.

QUINTO VIAJE

LOS AGUJEROS NEGROS

LA INVENCIÓN DE LOS AGUJEROS NEGROS

Con Newton

Para escapar de la atracción gravitatoria de un cuerpo celeste hace falta energía, pero no necesariamente mucha. Desde la superficie de un asteroide, por ejemplo, basta un pequeño salto para alejarse de él sin volver a caer. Salir de la Tierra es más difícil. Se necesita un cohete o saltar hacia el cielo a más de 40 500 km/h. Si tu velocidad inicial no supera este límite, nunca alcanzarás el espacio y siempre volverás a caer. Esta velocidad se llama *velocidad de escape*. Solo depende de la masa y el tamaño de un cuerpo celeste. Por ejemplo, la velocidad de escape del Sol, que es mucho más grande y masivo que la Tierra, es de algo más de 2,2 millones de kilómetros por hora. Es mucho. Ningún cohete humano puede ir tan rápido. Pero la luz sí. Se desplaza a más de mil millones de kilómetros por hora y no tiene problemas para escapar, lo cual es una buena noticia, porque de lo contrario, no veríamos el Sol. Nunca.

En el siglo XVIII, dos científicos imaginaron un astro tan masivo que su velocidad de escape sería mayor que la de la luz. Todo lo que pasara demasiado cerca de él caería irremediablemente hacia su interior, y nada podría escapar. Ni la luz ni ninguna otra cosa. Para lograrlo, habría que viajar más rápido que la luz, lo cual es imposible. Un objeto así sería un agujero, porque todo caería dentro de él, y sería negro, porque no emitiría ningún brillo. Sería, por tanto, un agujero negro.

Los dos brillantes científicos que propusieron esta idea fueron el inglés John Michell y el francés Pierre-Simon Laplace, pero a ninguno de los dos lo tomaron en serio sus contemporáneos. Sin embargo, ambos habían recurrido a la teoría de la gravitación de Newton para hacer este descubrimiento, una teoría que, por otro lado, era extraordinariamente popular.

Con Einstein

La idea era buena, pero ni Michell, ni Laplace ni ninguno de sus detractores podía saber que la teoría de Newton no se podía aplicar a objetos tan extremos. Para eso se necesitaba una teoría más completa que pudiera aplicarse a partes del universo donde la gravedad es más intensa que a nuestro alrededor. Esta teoría fue presentada a la humanidad por Einstein en 1915. Veinticuatro años más tarde, Robert Oppenheimer (el padre de la bomba atómica) y su antiguo estudiante Hartland Snyder demostraron que una estrella gigante que explota al final de su vida podría comprimir su núcleo con tanta fuerza que este no tendría otra opción que convertirse en un agujero negro. Sin embargo, esta conclusión no tuvo muchos adeptos y, hasta la década de 1960, pocos científicos creían que los agujeros negros existieran de verdad. La idea de que la naturaleza pudiera crearlos les parecía demasiado descabellada.

La situación cambió por completo cuando se empezaron a observar experimentalmente, porque aunque ni siquiera la luz pueda escapar de ellos, ahora sabemos que hay varias formas de detectarlos. He aquí algunas de ellas.

Detectar un agujero negro

Primer método. En el centro de nuestra galaxia hay una estrella llamada S1 que da vueltas, algunas veces a más de 11 millones de kilómetros por hora, en torno a nada. Normalmente, si a un objeto que se mueve en el espacio no se le perturba, seguirá una trayectoria recta, lo que no ocurre con S1. Para que una estrella de semejante masa y velocidad se desvíe de su trayectoria y gire, tendría que haber cerca de ella una fuerza gravitatoria equivalente a 4,1 millones de soles. Sin embargo, no vemos nada.

Andrea M. Ghez y Reinhard Genzel estudiaron durante más de diez años la trayectoria de muchas estrellas en el centro de la Vía Láctea, incluida S1, y lograron demostrar que efectivamente allí había un agujero negro supermasivo, con una masa 4152 millones de veces la masa del Sol. Por esta investigación, recibieron en 2020 el Premio Nobel de Física.

Un **segundo método** para detectar un agujero negro es observar los chorros que escapan de él, como los de la galaxia M87, a la que te acercaste en la página 84, o como los de una de las galaxias del Quinteto de Stephan (p. 99). Estos chorros están formados por materia que solo un agujero negro gigante puede proyectar a velocidades tan cercanas a la de la luz. Si bien las estrellas en formación también pueden expulsar materia (como verás pronto), sus chorros son incomparablemente más pequeños y menos potentes. En el caso de un agujero negro, estamos hablando de chorros del tamaño de toda una galaxia. A veces, incluso mucho más grandes.

Un **tercer método** consiste en explorar el universo en busca de fuentes de rayos X y rayos gamma, las ondas electromagnéticas más energéticas de todas, porque las emiten los discos de materia calentada a millones de grados al precipitarse hacia los agujeros negros.

Desde 2015 disponemos de un **cuarto método.** Consiste en detectar las ondas en el espacio y el tiempo generadas por la fusión de dos agujeros negros, llamadas *ondas gravitacionales*. Su detección fue galardonada con el Premio Nobel de Física en 2017. Hablaremos más sobre ellas un poco más adelante.

Y por último, desde 2019 existe un **quinto método**, y este es fotográfico. Porque aunque la observación directa de un agujero negro esté descartada por su propia naturaleza, es posible distinguir, en el caso de los agujeros negros gigantes, los discos de polvo que se forman a su alrededor. Esto se ha logrado en dos ocasiones. Una es la fotografía del núcleo de M87 de la página 87, que es de 2019, y la otra es la del agujero negro de nuestra propia galaxia, de 2022. Es el de la página de la derecha. Fue la primera vez que lo vimos. Se llama Sagittarius A* (que se lee «Sagittarius A estrella»).

Este es nuestro agujero negro:

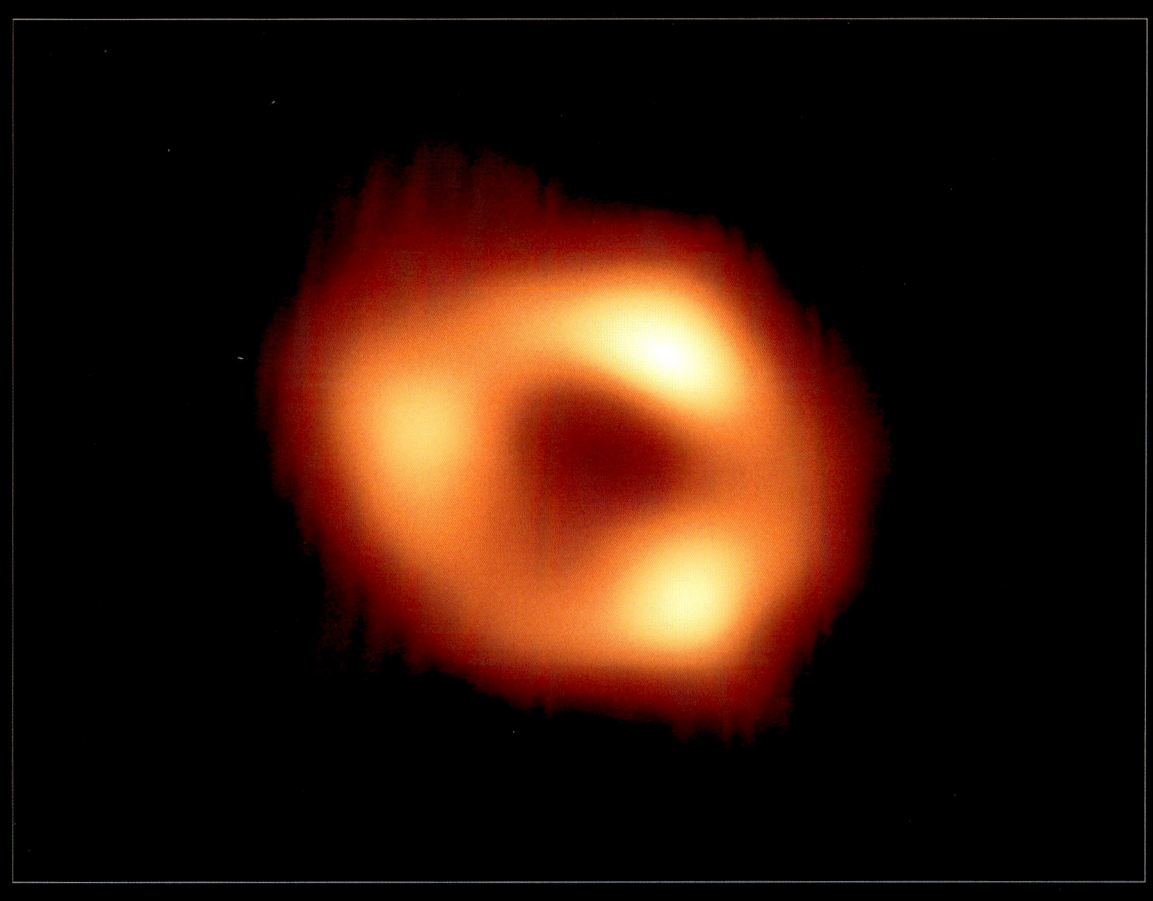

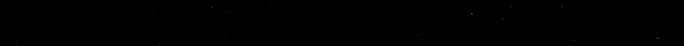

Está aquí.

¿QUÉ TAMAÑO TIENE UN AGUJERO NEGRO?

Visto desde el exterior

El tamaño de un agujero negro es completamente diferente según se mire desde el interior o desde el exterior. Los agujeros negros que conocemos mejor son los que se crean por la muerte de estrellas gigantescas, cuando la explosión expulsa su superficie y comprime su núcleo más allá de lo razonable. Son los llamados *agujeros negros de masa estelar*. Tienen entre unas pocas decenas y algunos cientos de veces la masa del Sol. No son los más grandes.

La frontera de un agujero negro se define generalmente como el punto a partir del cual nada puede escapar de él, ni la materia ni la luz. Esta frontera se llama el *horizonte de sucesos del agujero negro*. En realidad no es una superficie sólida, sino más bien un límite imaginario que separa el interior del exterior. En el caso de los agujeros negros más gigantescos, es posible atravesar esta frontera sin darse cuenta. No es así para los más pequeños. Lo sentirías.

Se ha demostrado que el tamaño de un agujero negro es siempre proporcional a su masa y que su diámetro es de 5,8 kilómetros por masa solar.

Para que nuestro Sol se convirtiera en un agujero negro, habría que comprimirlo hasta formar una esfera de 5,8 km de diámetro. Y para que la Tierra también se convirtiera en uno, tendría que caber dentro de una cáscara de nuez. Si, como es natural, esto te hace sentir un poco inquieto, puedes estar tranquilo porque no parece que vaya a suceder pronto, ni para el Sol ni para la Tierra. Al menos, no que yo sepa.

Visto desde el interior

El agujero negro detectado por el telescopio Chandra en un brazo de M74 tenía 10 000 veces la masa del Sol, lo que corresponde a una esfera de 58 000 km de diámetro. Este diámetro es el de su horizonte visto desde el exterior. Sin embargo, desde el interior, es completamente diferente.

El interior de un agujero negro es algo como una bolsa sin fondo, pero mucho más desconcertante. Abajo ya no es una dirección del espacio, sino del tiempo. Meter la mano en el horizonte de un agujero negro es meter la mano en el futuro. Cuanto más adentro esté tu mano, más hacia el futuro estará. Esa es una de las razones por las que no podrás volver a sacarla: eso significaría hacerla retroceder en el tiempo. Como nada ni nadie puede retroceder en el tiempo, nada ni nadie puede caer en un agujero negro y volver para contarnos lo que vio.

CLASIFICACIÓN DE LOS AGUJEROS NEGROS

En función de su tamaño, los agujeros negros pueden clasificarse en cuatro familias.

Los más pequeños son microscópicos, mucho más pequeños que un átomo. Probablemente se formaron al principio de la historia del universo. Se los denomina *agujeros negros primordiales*. Puede que haya muchos, pero nunca se ha detectado ninguno. Ni uno solo. De hecho, ni siquiera sabemos si existen realmente.

Luego están los *agujeros negros estelares*, que tienen entre unas decenas y unos pocos cientos de kilómetros de diámetro. Satélites como Chandra nos han permitido estimar su número y parece que hay cientos de millones en cada galaxia, incluida la nuestra. Estamos lejos de haberlos descubierto todos.

Los *agujeros negros intermedios* tienen entre unos miles y unos cientos de miles de veces la masa del Sol. Son bastante misteriosos, sorprendentemente, porque no se sabe realmente cómo alcanzaron su tamaño actual. Sin embargo, a diferencia de los agujeros negros primordiales, hemos visto algunos, en particular el de M74 (p. 74). Probablemente son el resultado de la fusión de cientos de agujeros negros estelares.

Y, por último, están los agujeros negros gigantes, los supermasivos, que tienen al menos un millón de veces la masa del Sol, pero que pueden ser incluso mucho más masivos. Se han detectado muchos. Hay uno en el centro de casi todas las galaxias conocidas. El mayor encontrado hasta ahora tiene más de 50 000 millones de veces la masa del Sol.

Si la Tierra fuera un agujero negro,
este sería su tamaño comparado
con el de una abeja.

DETECTAR LA COLISIÓN DE PEQUEÑOS AGUJEROS NEGROS...

La primera detección de una colisión de agujeros negros tuvo lugar en Estados Unidos el 14 de septiembre de 2015 a las 11 horas 50 minutos y 45 segundos, hora de París.

Duró 0,2 segundos.

La señal procedía de la región del supercúmulo de Ofiuco, a mil millones de años luz de distancia de nosotros. Esta región se encuentra en la parte superior del mapa del grupo de supercúmulos locales, en la página 91. La señal no estaba formada por ondas luminosas, sino por ondas espacio-temporales, ondas que se propagan a la velocidad de la luz y que se conocen como *ondas gravitacionales*. Einstein predijo su existencia hace más de cien años. Se sabía que existían desde hacía algunos años, pero nunca se habían visto. Rainer Weiss, Barry Barish y Kip Thorne recibieron el Premio Nobel de Física en 2017 por haber logrado detectarlas.

De esta forma se han detectado decenas de colisiones de agujeros negros estelares de hasta unos cientos de veces la masa del Sol en todo el universo, lo que confirma que, cuando chocan, los agujeros negros se fusionan y crecen.

... Y DE AGUJEROS NEGROS GIGANTES

Para el caso de los agujeros negros gigantes, cuya masa supera un millón de veces la masa del Sol, no nos sirven los detectores actuales de ondas gravitacionales. Las ondas espacio-temporales producidas al fusionarse tienen una frecuencia demasiado baja. Se necesitarán décadas de avances tecnológicos para lograr la sensibilidad suficiente para detectarlas. Eso sí, deberían proceder de todas partes, porque durante la infancia del universo debieron fusionarse innumerables agujeros negros gigantes, que lo hicieron temblar con tal fuerza que el espacio y el tiempo deberían seguir vibrando a su paso, a frecuencias muy bajas, a nuestro alrededor.

Precisamente, para verificar esta idea, un grupo de científicos observa continuamente los destellos ultrarrápidos de unos núcleos estelares particulares, los *púlsares*, que iluminan como faros las profundidades del espacio. Los púlsares son objetos que giran sobre sí mismos varios miles de veces por segundo, y el paso de una onda gravitacional debería alterar su regularidad durante unos instantes extremadamente breves.

En la década de 1970, Russell Hulse y Joseph Taylor utilizaron los púlsares para demostrar la existencia de las ondas gravitacionales: la teoría predecía que, cuando dos púlsares giraban uno alrededor del otro, emitían estas ondas y, como consecuencia, su velocidad de rotación debía disminuir. Hulse y Taylor encontraron un par de púlsares, confirmaron que su rotación se ralentizaba y recibieron por ello el Premio Nobel de Física en 1993.

El siguiente paso consistió en pasar de la observación de púlsares dobles a la de púlsares solitarios, no ya para detectar sus propias ondas —no emiten ninguna en realidad—, sino las que procederían de las profundidades del espacio y el tiempo y que perturbarían su regularidad. Con este propósito, desde hace más de quince años, los científicos vigilan los púlsares de todos los rincones del universo en busca de señales de ondas gravitacionales de baja frecuencia que ralenticen, por un instante, el ritmo de sus pulsaciones.

El 28 de junio de 2023, los científicos anunciaron sus resultados: habían conseguido detectar las ondas gravitacionales. Millones de ondas espacio-temporales atraviesan el universo, todo el tiempo, por todas partes, incluso a ti, aquí y ahora. Nuestro universo vibra al ritmo de un ruido de fondo gravitacional que afecta a la rotación de los púlsares.

¿Se deben estas ondas a colisiones de agujeros negros gigantes? Aún es demasiado pronto para saberlo. También podría tratarse de ruido del propio Big Bang o de algún otro fenómeno aún desconocido. O un poco de las tres cosas. En cualquier caso, es muy estimulante, sobre todo teniendo en cuenta que los descubrimientos sobre los agujeros negros no dejan de sucederse últimamente.

Esta imagen representa dos pequeños agujeros negros a punto de fusionarse mientras tragan el polvo de un disco que está siendo calentado por un tercer agujero negro gigante, que puede verse a lo lejos.

Aunque todavía no pueden tomar imágenes como esta de arriba, que es una representación artística, nuestros telescopios ya han transformado nuestra visión de la realidad. Al permitirnos explorar el espacio y el tiempo sin salir de nuestro mundo, no solo hemos podido determinar las leyes que rigen el universo, sino también constatar que este universo en el que habitamos posee una historia, que tuvo un principio y que ha evolucionado con el tiempo.

Son estos dos extraordinarios logros humanos —el descubrimiento de las leyes de la naturaleza y el descubrimiento de la historia del universo— los que te invito a explorar ahora, gracias a la luz.

EL PODER DEL ESPECTRO

BREVE RESUMEN

En los preparativos, al inicio de este libro, has visto que la materia, formada por átomos, puede absorber y emitir luz mediante sus electrones.

Para que los electrones puedan saltar de una trayectoria que les está permitida a otra, necesitan energía. Una energía precisa que no depende de ellos, sino únicamente de la materia en la que se encuentran.

Esta energía puede suministrárseles de diferentes formas, como a través de calor o de luz. Pero cuando los electrones devuelven la energía absorbida —lo que terminan haciendo sistemáticamente—, siempre lo hacen emitiendo luz. Por lo tanto, a cada salto del electrón le corresponde un rayo de luz muy preciso.

Si el color de un objeto varía en función de su temperatura, es porque la energía disponible aumenta con la temperatura, lo que permite que los electrones realicen saltos cada vez más grandes y emitan una luz cada vez más energética.

El conjunto de todos los rayos de luz que puede emitir un cuerpo se llama, como seguramente recordarás, *espectro de emisión*, mientras que los rayos que ese mismo cuerpo puede absorber forman lo que se conoce como *espectro de absorción*.

He querido recordarte todo esto aquí porque son estos espectros los que ahora te permitirán comprender no la luz en sí, pues eso ya se ha hecho, sino la velocidad de las galaxias, la naturaleza de la gravitación y la historia del universo.

El espectro de un átomo de hidrógeno, como ya has visto, es el más simple de todos, porque es el único átomo que solo tiene un electrón. Los demás átomos y todas las moléculas tienen espectros mucho más ricos y complejos.

Un átomo de hierro, por ejemplo, tiene 26 electrones, lo que permite un número gigantesco de saltos, cada uno de los cuales corresponde a una luz diferente que puede absorber y luego volver a emitir. Puedes comparar por ti mismo las partes visibles de los espectros de absorción del hidrógeno y del hierro, que se muestran al lado.

No hay nada nuevo, ya has visto todo esto al principio de tu viaje e incluso has experimentado un aspecto práctico desde entonces: al identificar los espectros conocidos en la luz que nos llega de las proximidades del agujero negro del Quinteto de Stephan, los científicos han podido determinar lo que hay allí (especialmente hierro). Fue en la página 101.

Antes del Webb, ningún telescopio tenía la potencia ni la sensibilidad suficientes para captar la luz infrarroja emitida por una materia tan lejana.

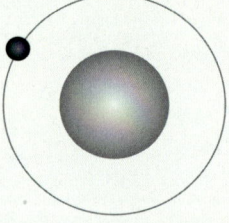

Un átomo de hidrógeno

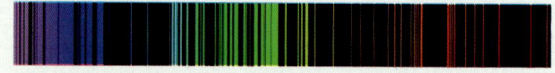

El hierro tiene muchos más electrones que el hidrógeno (tiene 26), por lo que hay muchas más transiciones posibles y, por tanto, más líneas en su espectro. Aquí puedes comparar las partes visibles de sus respectivos espectros de emisión.

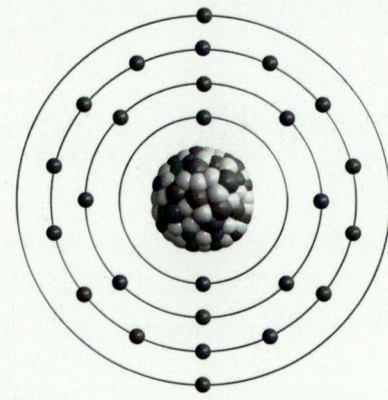

Un átomo de hierro

En esta ilustración se muestra cómo una nube absorbe la luz de una estrella y crea un espectro de absorción. Este espectro, detectado por nuestros telescopios, es el que nos permite determinar la composición de la nube.

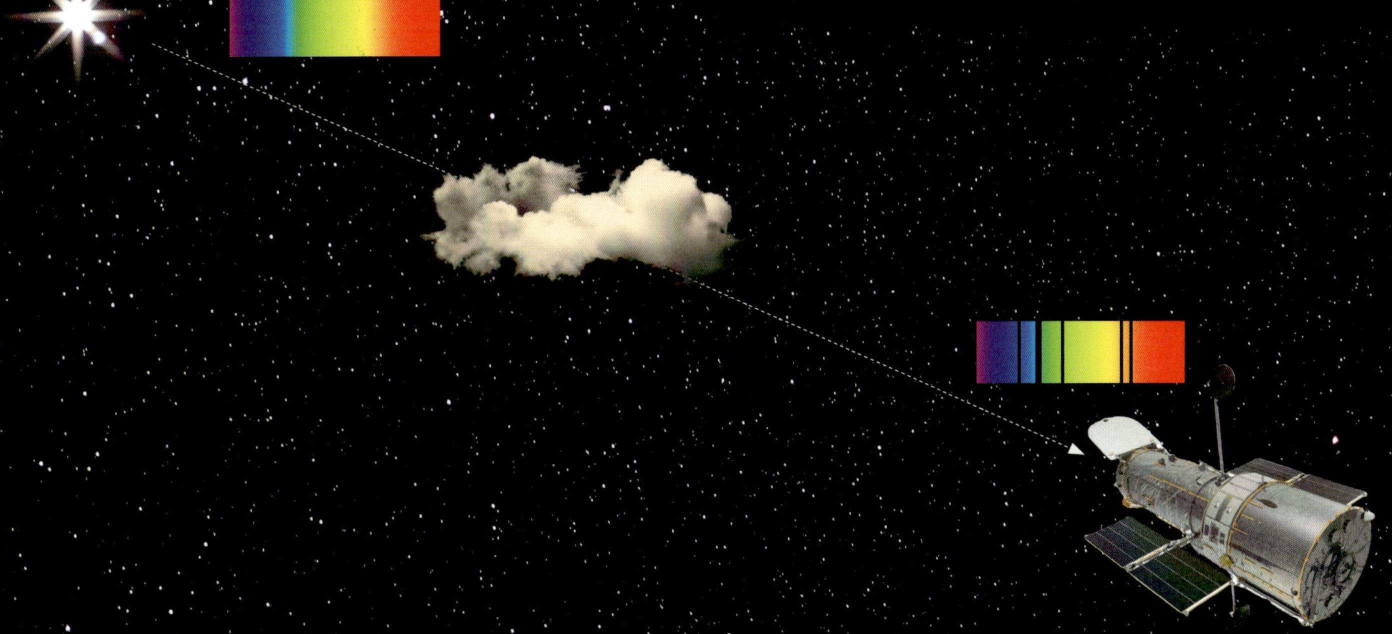

Esta nube, situada a 630 años luz de nosotros, no emite luz por sí misma. Es una *nebulosa oscura* (o *de absorción*) llamada Camaleón I. Está iluminada en infrarrojos por las estrellas anaranjadas que se encuentran detrás de ella. La detección por parte del telescopio Webb de las longitudes de onda absorbidas por la nube ha permitido identificar muchas moléculas que hasta ahora nunca se habían detectado en rincones tan oscuros y fríos del universo. Esta foto se publicó el 23 de enero de 2023.

135

EL COLOR DE LA VELOCIDAD

Los espectros son una herramienta extraordinaria para determinar la composición de la materia del universo. Pero también nos informan sobre otras cosas, como la velocidad de los cuerpos celestes y la distancia que nos separa de ellos.

Veamos cómo.

Probablemente ya te habrás dado cuenta de que el sonido de una sirena de bomberos no es igual cuando se acerca a ti que cuando se aleja de ti: pasa de agudo a grave.

El sonido es una onda acústica.
Es una onda que viaja por el aire.
Se percibe como un sonido agudo cuando sus crestas están próximas y grave cuando están más distanciadas.

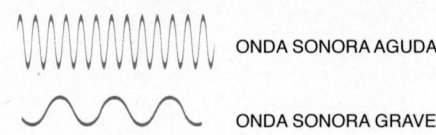

Por otra parte, la velocidad del sonido solo depende del medio a través del cual se propaga, no de si es grave o agudo. El sonido emitido por la sirena de un camión de bomberos viaja por el aire a la misma velocidad, tanto si el camión se acerca como si se aleja de ti. El movimiento del camión no acelera ni ralentiza el sonido. Sin embargo, su movimiento sí influye en la distancia entre sus crestas y, por lo tanto, en su sonoridad. Esto es lo que se conoce como el *efecto Doppler*.

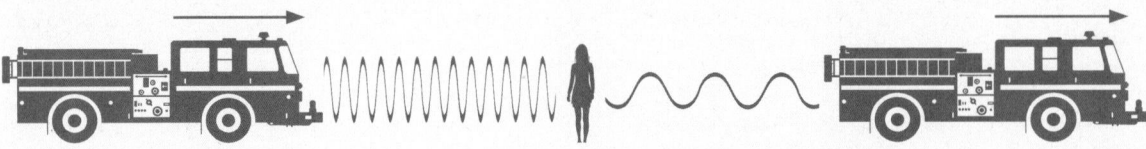

El efecto Doppler permite determinar la velocidad de un coche, o de cualquier otro objeto sonoro en movimiento, simplemente escuchándolo.

Para determinar si las estrellas lejanas se acercan o se alejan de nosotros, podría ser suficiente con escucharlas. Como se pasan la vida fusionando átomos en reacciones de fusión termonuclear, deben de generar un ruido ensordecedor que podría ser más o menos grave, o más o menos agudo, según la velocidad a la que estas estrellas se alejen o se acerquen a nosotros. La idea es buena pero, desafortunadamente, no hay sonido en el espacio. Se necesita materia para que haya sonido y el espacio está vacío. Por lo tanto, el universo es silencioso y el efecto Doppler del sonido no nos sirve para determinar la velocidad de las estrellas. Es una lástima. Pero no todo está perdido, porque el efecto Doppler no es exclusivo del sonido. Afecta a todo tipo de ondas, incluidas las de la luz, que viajan en el espacio vacío. En el caso de la luz, no se trata de que se vuelva más aguda o más grave, sino de su equivalente en color, es decir, que se vuelva más azul o más roja.

Al igual que ocurre con el sonido, una fuente de luz no enviará su luz más deprisa hacia delante y más despacio hacia atrás. La velocidad de la luz es siempre la misma. Cuanto más rápido viaja una fuente luminosa, más se comprimen sus ondas hacia delante y más se estiran hacia atrás, lo que las hace más azules hacia delante y más rojas hacia atrás.

Por una vez, los términos técnicos corresponden a lo que vemos: se habla de *desplazamiento al rojo* cuando un color se vuelve más rojo, y de *desplazamiento al azul* cuando se vuelve más azul. Dicho esto, de tanto desplazarse hacia el rojo, la luz puede convertirse en infrarroja, luego en microondas y después en radio. Del mismo modo, de tanto desplazarse hacia el azul, puede convertirse en luz ultravioleta, luego en rayos X y después en rayos gamma. Pero seguimos diciendo desplazamiento hacia el rojo o hacia el azul, aunque hayamos salido de los colores del arcoíris.

LA VELOCIDAD DE LAS GALAXIAS LEJANAS

Para determinar el movimiento de un astro, solo necesitamos obtener el espectro de su luz, identificar por ejemplo las líneas correspondientes al hidrógeno y comparar sus longitudes de onda con las que conocemos aquí en la Tierra. Si todas son más cortas, es decir, si los colores del objeto están todos desplazados hacia el azul, significa que se está acercando. Si todos están desplazados hacia el rojo, significa que se está alejando.

Y la velocidad del objeto viene dada por la amplitud de este desplazamiento, que puede medirse con gran precisión.

En el espacio, este método de medición de velocidades funciona siempre. Y para todo. Podemos conocer la velocidad de un planeta alrededor de su estrella, de una estrella con respecto a nosotros o con respecto a otra estrella, de una galaxia con respecto a nosotros o con respecto a otras galaxias. El efecto Doppler es una herramienta extraordinaria.

Estudiando el espectro de su luz, el efecto Doppler nos permitió ver que una de las galaxias del Quinteto de Stephan se precipitaba hacia sus dos vecinas a 900 km por segundo. También es el efecto Doppler el que nos dice que la Vía Láctea se acerca a Andrómeda a 300 km por segundo. Lograr medir una velocidad en una imagen fija, una sola, simplemente mirando los colores, parece imposible. Sin embargo, es precisamente eso lo que permite el efecto Doppler.

Los astrónomos del siglo pasado disfrutaron como nunca. De un día para otro, fue posible conocer los movimientos de todo el universo. Todo lo que tenían que hacer era apuntar los telescopios a la estrella o galaxia que quisieran estudiar. Después, comparando su color con los espectros conocidos en la Tierra, podían determinar todas las velocidades que quisieran. Los resultados no tardaron en llegar.

En cuanto a las estrellas de la Vía Láctea, había un poco de todo. Algunas estrellas se acercaban a nosotros, otras se alejaban.

También en las galaxias cercanas había un poco de todo: unas se acercaban y otras se alejaban.

Hasta aquí, todo parecía normal. Todo giraba un poco alrededor de todo, sin que ninguna dirección se viera favorecida sobre otra.

Pero, al observar las galaxias más lejanas, todo iba a cambiar.

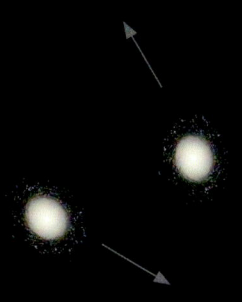

Las galaxias lejanas tienen el mismo color...

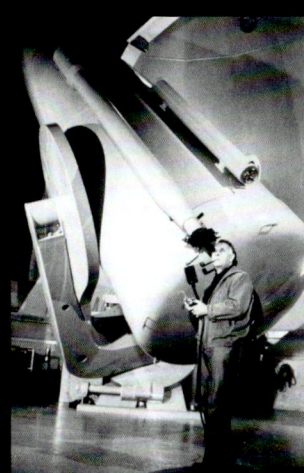

Edwin Hubble fumando su pipa.

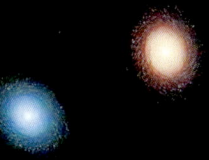

... pero nos parecen rojas cuando se alejan y azules cuando se acercan.

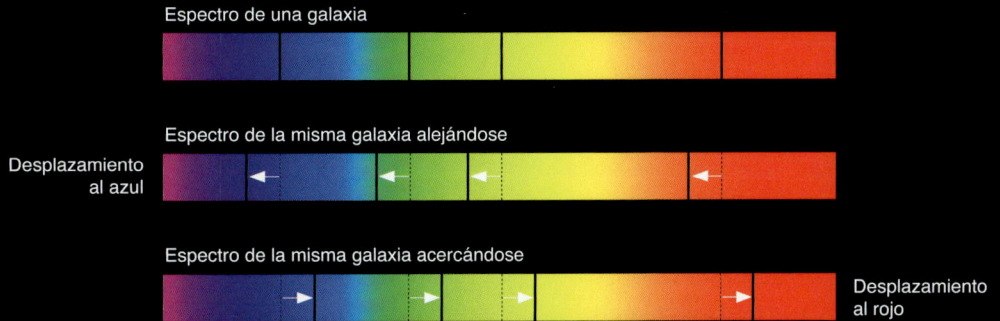

Espectro de una galaxia

Espectro de la misma galaxia alejándose

Desplazamiento al azul

Espectro de la misma galaxia acercándose

Desplazamiento al rojo

EFECTO DOPPLER DE LA LUZ

EL PROBLEMA DE MERCURIO

El descubrimiento de Neptuno

Newton publicó su teoría de la gravitación universal en 1687. Inmediatamente después estalló la euforia, ya que esta permitía predecir por fin todos los movimientos de la Tierra y del cielo. Podríamos saber dónde estarían Marte y Venus mañana, cuándo tendrían lugar los eclipses y cómo fabricar cañones. El futuro parecía paradisíaco.

Pero con el tiempo se observó que Mercurio, el planeta más cercano al Sol, no estaba del todo de acuerdo con Newton. No giraba exactamente alrededor del Sol como predecía su ley. Casi, ciertamente, pero no del todo. Faltó poco para que cundiera el pánico, pero había esperanza: ya había surgido un problema similar con Urano. Después de que Herschel lo descubriera, muchos astrónomos observaron Urano y vieron que su trayectoria no se correspondía en realidad con lo que Newton había predicho. Dos científicos sugirieron entonces algo extraordinario: puesto que Newton no podía, en su opinión, estar equivocado, debía existir un planeta hasta entonces desconocido que estuviera perturbando la trayectoria de Urano. Fue una sugerencia bastante atrevida. Sin embargo, este planeta que se introdujo únicamente para que la ley de Newton no fue-

se cuestionada, este planeta que nadie había visto antes, existía realmente. Johann Gottfried Galle lo observó por primera vez en el cielo de Berlín la noche del 23 al 24 de septiembre de 1846. Es el planeta Neptuno. A raíz de su descubrimiento se desató una disputa por la atribución teórica de Neptuno entre los dos físicos que habían predicho su existencia. Se trataba de un inglés, John Couch Adams, de Cambridge, y un francés, Urbain Le Verrier, de París. La atribución del descubrimiento fue para el francés y algunos piensan hoy que este fallo, nunca reconocido por los compatriotas de Adams, es el origen de lo que se convertiría, 174 años después, en el Brexit. Pero dejemos la política a un lado y volvamos a Mercurio.

Durante casi setenta años, los astrónomos intentaron resolver el problema de la trayectoria de Mercurio de la misma manera que la de Urano, buscando un planeta que perturbara su órbita. Pero nadie lo encontró. Algo que es una buena señal, dado que no existe. El problema de Mercurio era diferente y mucho más profundo. Tenía que ver con la esencia misma de la gravitación.

Newton,
padre de la gravitación

Urbain Le Verrier y John Couch Adams,
supuestos padres de Neptuno (y del Brexit)

Cambiar nuestra visión del universo

A pesar del problema de Mercurio, la ley de Newton era (y sigue siendo) extraordinariamente eficaz. Nos dice cómo interactúan los objetos y los astros a través de la gravedad, y por tanto cómo la Tierra nos mantiene firmemente pegados al suelo día tras día, y en la cama por la noche. Pero no nos dice por qué.

Desvelar este secreto iba a ser una tarea difícil, porque iba a suponer cuestionar todo lo que se creía saber sobre la realidad.

El universo, tal como Newton lo imaginaba, se correspondía más o menos con el de nuestra intuición. La Tierra, la Luna, el Sol y todos los demás astros se movían dentro de un espa-

cio inmutable y probablemente infinito. Todo lo que allí sucedía estaba regulado por un reloj externo al propio universo. El espacio y el tiempo eran, por tanto, iguales para todos en todas partes.

Esa visión tan intuitiva convenció a todo el mundo durante siglos, hasta que se desmoronó en 1915, cuando un joven científico de treinta y seis años publicó una teoría de la gravitación mucho más profunda que la de Newton, una teoría que, esta vez, era algo más que una fórmula: explicaba qué era la gravedad. Incluso explicaba de dónde venía la ley de Newton. Este científico aparece en la foto de la página contigua. Es bastante conocido. Puedes leer su nombre en la parte inferior derecha de la imagen (no es «München»).

Marte

Venus

El Sol

Mercurio

La

J. ALBERT.

MÜNCHEN.

LA EXTRAORDINARIA ECUACIÓN DE EINSTEIN

Una nueva teoría de la gravitación

En su teoría de la gravitación, publicada en 1915, Albert Einstein (sí, fue él) sugirió que, si se vaciase el universo de todo lo que contiene, lo que quedaría sería una especie de tejido que lo llenaría todo y garantizaría una unidad total entre todos los puntos del universo. Este tejido no sería visible, porque estaría hecho de espacio y tiempo.

Hasta aquí, la idea no es demasiado difícil de entender. Es como el universo de Newton con un tejido añadido, por extraña que sea su composición. Pero Einstein también sugirió que, a diferencia del espacio de Newton, este tejido no estaba separado del resto del universo, sino que podía interactuar con la materia, la luz y la energía. Para Newton, en definitiva, el universo era un receptáculo al que llamaba espacio, sobre el cual actuaba un tiempo que le era externo, y ninguno de los dos cambiaba jamás. Para Einstein, el receptáculo estaba hecho de espacio y de tiempo, y ambos podían, incluso debían, deformarse en torno a todo lo que contuviera el universo.

El tejido del cosmos de Einstein tenía que curvarse en torno a la materia, en torno a la energía. El continente y el contenido ya no eran independientes el uno del otro. Las estrellas, los planetas, las rocas, e incluso nosotros mismos, deformábamos el espacio-tiempo. Incluso era posible sentir esta deformación, porque es lo que llamamos *gravedad*. Si estamos anclados al suelo de nuestro planeta, es porque nos deslizamos por las curvas que la Tierra crea en el espacio-tiempo.

Del mismo modo, si la Tierra gira alrededor del Sol, es porque se desliza a lo largo de las curvas creadas por nuestra estrella.

Para Einstein, la fuerza de Newton no existía. Solo había curvas. Era una sugerencia atrevida, pero ¿por qué no? Al fin y al cabo, nadie sabía qué era la gravedad, así que estaban abiertas todas las posibilidades. Solo quedaba por demostrar que esta visión funcionaba.

Para ello, Einstein retomó su idea de un universo vacío lleno de un tejido de espacio-tiempo e introdujo una estrella. Solo una. La hundió en el tejido, que se curvó a su alrededor en todas direcciones.

En su cabeza observó la estrella brillar durante un momento, pero como evidentemente no sucedía nada más, introdujo un segundo objeto más pequeño, por ejemplo, un planeta, que colocó a su lado. El tejido del universo se curvó también en torno al planeta en todas direcciones, pero algo menos que en torno a la estrella. Y entonces ocurrió algo. Los dos cuerpos empezaron a moverse, a deslizarse el uno hacia el otro por las pendientes que ellos mismos habían creado en el espacio-tiempo.

Einstein calculó entonces cuál sería la trayectoria de un planeta como la Tierra en un espacio curvado por una estrella como el Sol y encontró exactamente la trayectoria de la Tierra que había encontrado Newton. Lo mismo para Marte, Venus, Júpiter y los demás planetas. Funcionaba a la perfección. Incluso para Urano, que efectivamente necesitaba a Neptuno para explicar su extraña trayectoria. Así que todo era igual que para Newton. Excepto por Mercurio. Ahí sí había una diferencia. La trayectoria que encontró Einstein no correspondía a la de Newton, sino a la que se veía en el cielo. No era necesario añadir un nuevo planeta. En su curso, Mercurio seguía la curva que el Sol creaba en el espacio y el tiempo.

Einstein probablemente sintió una cierta euforia al ver este resultado. Después de todo, ya no se necesitaba una fuerza newtoniana para explicar el movimiento de los astros. Bastaba con las deformaciones del tejido del universo, lo que cuestionaba todo lo que nuestros antepasados habían imaginado sobre la realidad.

Con Newton, el universo siempre había sido idéntico a sí mismo, porque nada tenía ningún efecto sobre él.

Con Einstein, ya no era así. El tejido del universo podía deformarse y cambiar. Las ondas podían viajar a través de él, podían existir ondas de espacio y de tiempo. Peor aún: si podía cambiar, entonces podía tener una historia y, por tanto, tal vez incluso un comienzo.

Todo lo que vas a ver y descubrir desde esta página hasta el final de tu viaje es, de una manera u otra, una consecuencia de esta visión de Einstein, una visión llamada *relatividad general*.

Es la teoría de la gravitación de Einstein.

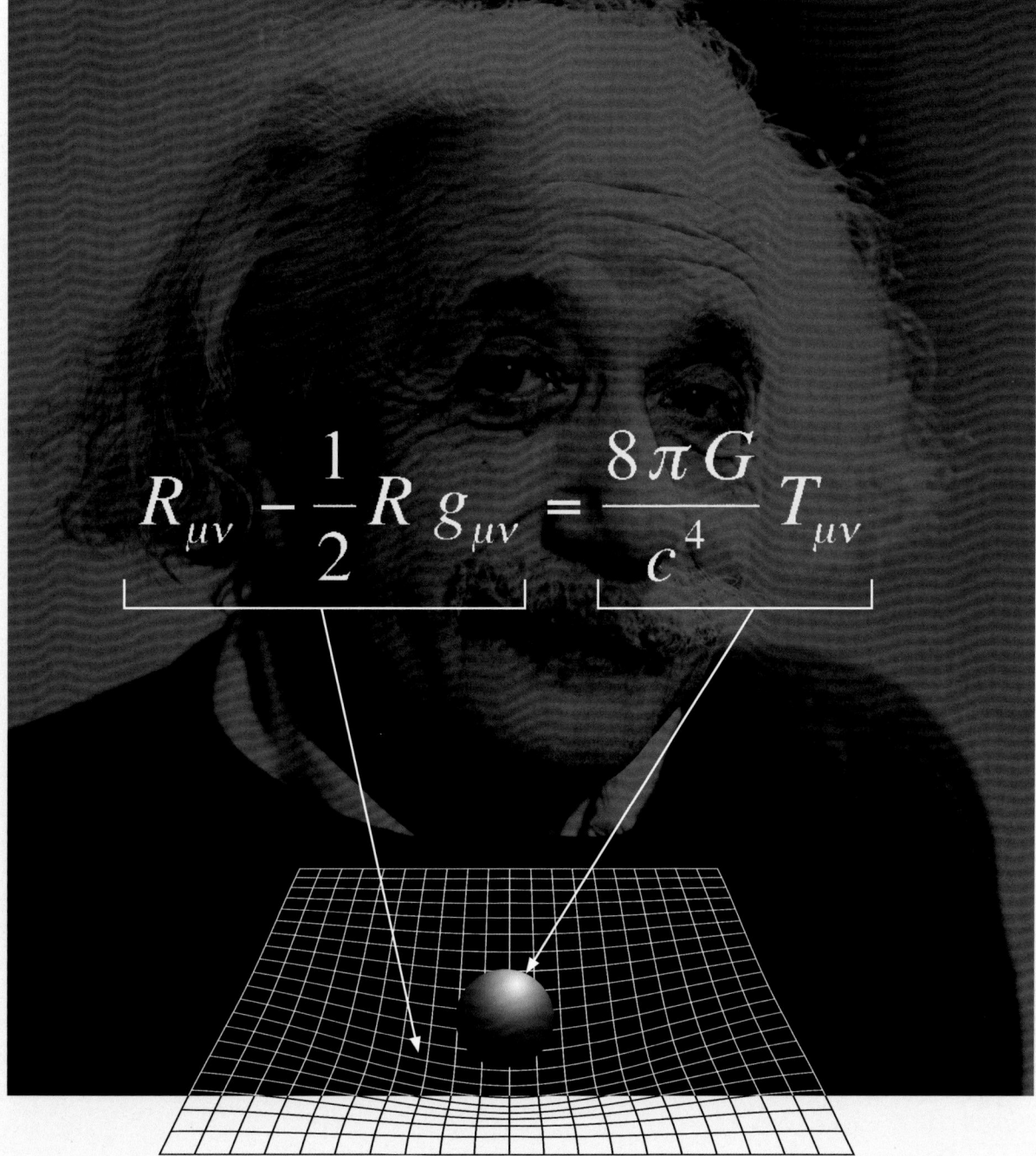

$$R_{\mu\nu} - \frac{1}{2} R g_{\mu\nu} = \frac{8\pi G}{c^4} T_{\mu\nu}$$

Más potente que E = mc²

La más poderosa de las ecuaciones de Einstein no es E = mc², sino la que aparece sobre la foto de Einstein que vemos más arriba. Esta ecuación resume su teoría de la gravitación y este es su significado:

A la izquierda del signo «=» se encuentran los símbolos («R» y «g») que representan la geometría del espacio, es decir, sus curvas, colinas, mesetas y valles, así como la forma en que transcurre el tiempo en cada uno de estos lugares.

A la derecha del signo «=», en cambio, no interviene la geometría, sino la energía. La «T» representa todas las energías

posibles e imaginables que pueden encontrarse en cada lugar, ya sea materia, luz u otras cosas, conocidas o desconocidas. Todo lo que tiene energía se incluye en esta «T».

En definitiva, la ecuación de Einstein dice que la energía, por un lado, y la geometría del espacio-tiempo, por otro, son dos formas idénticas de ver la realidad.

Aún estamos lejos de comprender todo lo que esto puede implicar, pero la idea es maravillosa.

LA EXPANSIÓN DEL UNIVERSO

En los años siguientes a la publicación de Einstein, una serie de observaciones realizadas por el astrónomo Vesto Slipher permitieron a Edwin Hubble (a quien debe su nombre el telescopio espacial Hubble) y a Georges Lemaître dar un vuelco a lo que hasta entonces se creía saber sobre la historia del universo.

A diferencia de la luz de las estrellas y las galaxias cercanas, la luz de todas las galaxias lejanas estaba desplazada hacia el rojo. Las galaxias lejanas, por tanto, se alejaban de nosotros. Todas ellas. Y cuanto más lejos estaban, más rápido se alejaban.

Hubble y Lemaître dedujeron de esta observación una ley que hoy se conoce como la *ley de Hubble*, o *ley de Hubble-Lemaître*, la cual establece que la velocidad de las galaxias lejanas es proporcional a su distancia: una galaxia que está dos veces más lejos de nosotros que otra se alejará de nosotros dos veces más rápido. Esta ley no era algo abstracto. Se trataba de algo empírico.

Algunos descubrimientos hacen saltar de alegría. Otros, como este, plantean interrogantes.

Si todas las galaxias lejanas se están alejando de nosotros, ¿significa esto que, a gran escala y contrariamente a lo que cabría esperar, nos encontramos en el centro de un universo que se aleja de nosotros? Sería sorprendente y un poco inquietante al mismo tiempo. Lemaître y Hubble también plantearon otra posibilidad. A pesar de lo que pudiera parecer, a pesar del desplazamiento hacia el rojo que detectaron, sugirieron que ninguna de estas galaxias lejanas se estaba moviendo realmente. Si su luz se veía desplazada hacia el rojo, no era por su propio movimiento, sino porque el tejido del universo se estaba estirando. En su opinión, las galaxias no se alejaban de nosotros, ni siquiera se estaban moviendo especialmente rápido. Eran las distancias las que se estaban alargando.

En tiempos de Newton habría sido imposible pensar así, pero con Einstein era diferente. La idea de un espacio-tiempo que lo llenaba todo y que podía deformarse lo permitía.

De hecho, esto explicaba la ley de Hubble-Lemaître. Si las galaxias más distantes se alejaban de nosotros más deprisa que las más cercanas, era precisamente porque había más espacio entre ellas y nosotros.

Con esta idea, ya no era cuestión de estar en el centro del universo. Al estirarse las distancias, todas las galaxias lejanas tenían que alejarse de todas las demás, no solo de nosotros. Todos los observadores del universo, dondequiera que estuvieran, deberían ver que todas las demás galaxias lejanas se alejaban de ellos. Ya no había un centro, solo una infinidad de personas que creían estar en él.

A este fenómeno de estiramiento de las distancias se le ha llamado la *expansión del universo*.

La expansión del universo, por tanto, no es la idea de un universo que se expande devorando lo que le es externo. Es la idea de un universo que se expande desde el interior. Es un estiramiento de las distancias que es capaz de cambiar los colores.

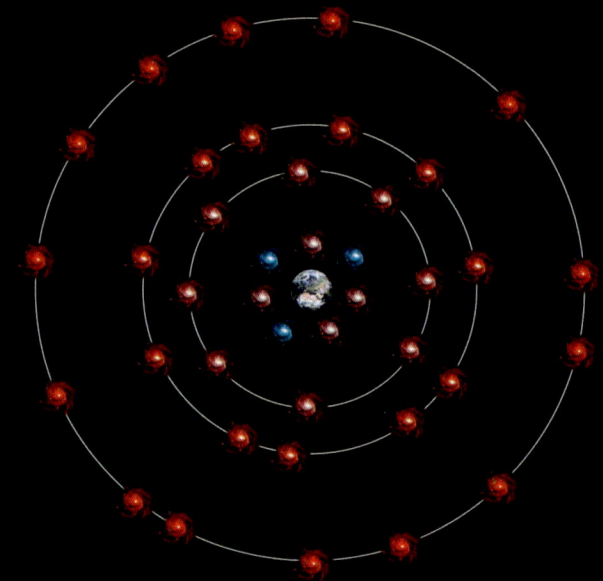

El color de una distancia

La luz de las galaxias lejanas forzosamente ha tenido que atravesar inmensos vacíos cósmicos antes de llegar a nosotros. Es allí donde experimenta la expansión del universo. No hay expansión entre las estrellas ni entre galaxias vecinas. Ni la hay entre la Tierra y la Luna, ni entre la Tierra y el Sol. Tampoco hay expansión dentro de la Vía Láctea, ni entre la Vía Láctea y Andrómeda (por lo que la expansión no va a impedir que colisionen). Ni la hay en nuestro Grupo Local. Hasta esta escala, la gravedad, que atrae a los cuerpos celestes unos hacia los otros, es más fuerte que la expansión, que tiende a alejarlos.

La expansión empieza a prevalecer cuando las distancias se vuelven gigantescas, y esto tiene un efecto visible sobre la luz. Todas las ondas electromagnéticas que atraviesan los inmensos vacíos cósmicos que salpican el universo llevan su huella. Sus colores se desplazan hacia el rojo, tanto más cuanto más grandes son los vacíos que atraviesan.

Ya no se trata del efecto Doppler. En el efecto Doppler era el movimiento de la fuente lo que provocaba el cambio del color. Aquí, las ondas electromagnéticas se estiran no porque sus fuentes se muevan, sino porque el espacio mismo se está estirando. Así pues, el desplazamiento hacia el rojo causado por la expansión del universo depende únicamente de la distancia recorrida por la luz, y no del movimiento de su fuente.

Como consecuencia de la expansión, todas las galaxias que se encuentran a la misma distancia de nosotros se alejan de nosotros a la misma velocidad, independientemente de su posición en el cielo. La ley de Hubble-Lemaître nos permite determinar esta distancia simplemente midiendo el desplazamiento al rojo de su luz, es decir, estudiando su espectro. Gracias a ello, conocemos las distancias que nos separan de las galaxias más lejanas.

Lo visible se vuelve invisible

Situado a unos 300 millones de años luz de distancia, el Quinteto de Stephan, por el que pasaste recientemente, está sin duda muy lejos, pero es una distancia pequeña comparada con los miles de millones de años luz que nos separan de las galaxias más lejanas. Para que podamos verlas, su luz ha tenido que atravesar distancias colosales y sufrir la expansión del universo durante miles de millones de años, lo que ha desplazado incesantemente sus colores hacia el rojo. Una y otra vez. Infinidad de veces.

En el caso de las más lejanas, es posible incluso que el desplazamiento sea tan grande que hayan pasado de ser visibles a ser infrarrojas.

Si así fuera, entonces debería existir un límite del universo que nuestros telescopios pueden ver utilizando luz visible, un límite que habría que buscar en las profundidades del firmamento. Y resulta que este límite se ha encontrado, que existe. Se encuentra a unos 13 400 millones de años luz de nosotros, pero puede variar de una dirección a otra, dependiendo de si hay o no galaxias en el camino.

Para ver las galaxias que están más allá de este límite, tenemos que observar en infrarrojos, y precisamente para eso se construyó el telescopio espacial Webb, para escudriñar el espacio y recoger la luz infrarroja que nos llega desde más allá de las profundidades de la noche, desde los confines del espacio y del tiempo.

CUANDO LA NATURALEZA NOS AYUDA A VER TODAVÍA MÁS LEJOS

Cuando en 1915 Einstein sugirió que el universo tenía una especie de tejido hecho de espacio y de tiempo, y que la gravedad no era más que una deformación de este tejido, muchos científicos se escandalizaron. Es más, al principio, la comunidad pareció dividirse en dos: estaban los que no creían realmente en la relatividad general, y los que no la entendían en absoluto. En realidad, casi todo el mundo entraba en ambas categorías.

Hoy ya no es así. Puede que algunos sigan sin entenderla, pero es imposible no creer en ella, porque muchas de las extraordinarias predicciones de la relatividad general se han confirmado experimentalmente. Una de ellas, en particular, permite al Webb —y a todos nuestros telescopios— ver mucho más allá de sus capacidades iniciales. Se trata de un fenómeno de lente que habría sido completamente imposible de imaginar si el universo no hubiera tenido un tejido deformable. Para entenderlo, tenemos que fijarnos en la forma en que la luz viaja a través del universo.

LA TRAYECTORIA DE LA LUZ

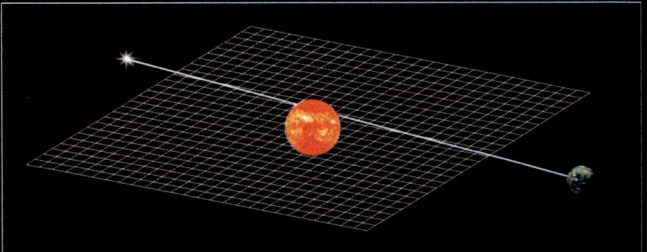

En el universo de Newton, donde el espacio es inmutable, la luz siempre se desplaza en línea recta. Por tanto, una estrella lejana siempre está donde parece estar. Que el Sol esté presente o no, no cambia en nada su posición aparente.

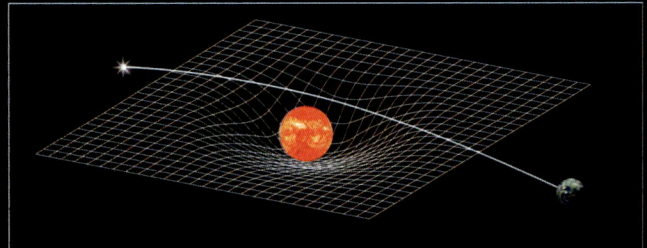

Para Einstein, en cambio, el espacio debía estar curvado alrededor del Sol. Cualquier rayo de luz que pasara cerca de él debería ver desviada su trayectoria. Como consecuencia, la posición aparente de una estrella lejana no debería ser la misma vista durante el día, cerca del Sol, que durante la noche, lejos de él. Einstein hizo esta predicción en 1915. Incluso calculó cuál debía ser la desviación observada.

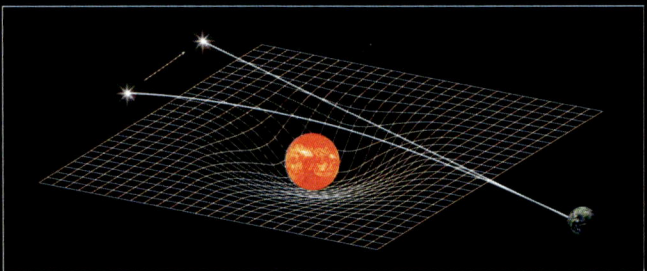

La diferencia entre lo que predijeron Einstein y Newton era lo suficientemente grande como para que pudiera detectarse experimentalmente.

Dicho esto, nadie había visto nunca una desviación de este tipo, entre otras cosas porque el Sol es demasiado brillante para que podamos ver las estrellas que hay a su alrededor durante el día.

La posición de las estrellas se conocía gracias a los mapas del cielo nocturno, pero como por la noche no hay sol, no había riesgo de que se desviaran en modo alguno.

Así que, para verificar la predicción de Einstein era necesario, idealmente, que fuera de noche durante el día, algo que es raro pero no imposible. De hecho, ocurrió cuatro años después de la publicación de Einstein, en 1919, durante un eclipse.

A lo largo de unos minutos, la Luna ocultó por completo al Sol y creó una noche en pleno día, lo que permitió a Arthur Eddington, un físico de la Universidad de Cambridge, verificar lo que Einstein había predicho. Como sabía que se produciría un eclipse, envió una expedición a Brasil y otra a la isla de Santo Tomé y Príncipe, frente a las costas de Guinea Ecuatorial, dos lugares donde, según Newton, el eclipse prometía ser total.

He aquí una imagen del eclipse del 29 de mayo de 1919 tomada por la expedición brasileña.

Se distinguen algunas estrellas, aunque no podemos verlas bien. Son las que se muestran entre las líneas horizontales. Eddington comprobó su posición y anunció al mundo entero que Einstein tenía razón. Las estrellas estaban donde Einstein había predicho y no donde Newton pensaba que estarían.

Eddington se convirtió de inmediato en una celebridad. Había demostrado que Einstein tenía razón, que el universo tenía efectivamente un tejido, que las estrellas curvaban este tejido y que la trayectoria de la luz se desviaba en consecuencia. Impresionado por este descubrimiento, y tal vez un poco adulador, un periodista le preguntó a Eddington cómo podía haber logrado tal hazaña, dado que la teoría de Einstein era tan complicada que solo tres personas en el mundo la entendían.

La historia cuenta que, después de un momento de reflexión, Eddington le respondió: «Está Einstein. Estoy yo. Pero ¿quién es esa tercera persona de la que habla?».

LAS LENTES GRAVITACIONALES

La atracción gravitatoria del Sol es colosal comparada con la de la Tierra, pero insignificante comparada con la de toda una galaxia, que contiene miles de millones de estrellas y, por tanto, curva el espacio-tiempo a distancias gigantescas. Así que es perfectamente posible imaginar que la luz procedente de una fuente luminosa extremadamente lejana se desvíe por el efecto conjunto de todas las estrellas de una galaxia. Del mismo modo que en la Tierra es posible rodear un lago por la derecha o por la izquierda, también la luz debería poder optar por diferentes caminos para rodear una galaxia.

Al menos eso es lo que pensaba Einstein, que imaginó algunas posibles consecuencias.

Imaginó una galaxia situada entre la Tierra y una potente fuente de luz lejana. Dado que, según su teoría de la gravitación, el espacio está curvado alrededor de la galaxia, la fuente de luz lejana debería poder tomar cuatro caminos diferentes para llegar a la Tierra: por encima, por debajo, por la derecha y por la izquierda, de forma que un observador terrestre tendría la impresión de que no había una, sino cuatro fuentes lejanas. Esto es lo que se ilustra en el esquema contiguo. Solo se han dibujado dos de las cuatro trayectorias (para que sea legible), pero están presentes las cuatro imágenes de esta fuente, que forman una cruz con la fuente original en su centro. Para comprobar que su predicción era correcta, solo tenía que buscar en el espacio una figura de este tipo.

La foto que se muestra aquí abajo la hizo en 2008 el telescopio VLT del Observatorio Europeo Austral, en Chile. Es una galaxia bastante ordinaria, a unos cientos de millones de años luz. Pero si se mira de cerca, su núcleo es extraño. Por eso pidieron al Hubble que le echara un vistazo y lo ampliara.

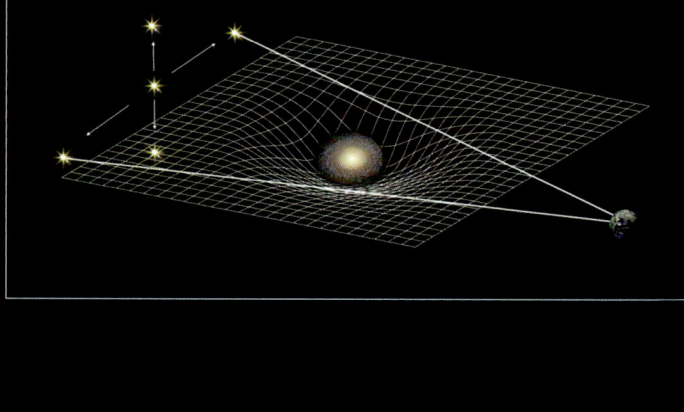

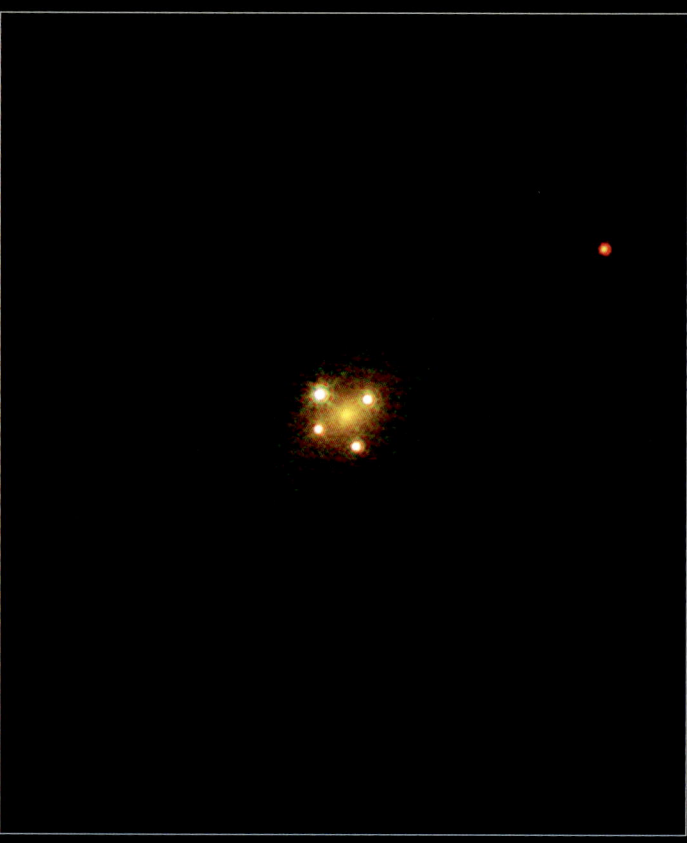

Y esta es la foto que tomó en 2012. Muestra cuatro imágenes del núcleo de una galaxia mucho más lejana, a unos 10 000 millones de años luz de nosotros. Un agujero negro gigante está calentando el polvo que cae sobre él a temperaturas tan altas que brilla como miles de millones de estrellas. Las galaxias como esta, en las que solo puede verse el núcleo debido a la intensa actividad de su agujero negro gigante, se llaman *cuásares*.

Einstein volvía a tener razón. Era posible, gracias a las galaxias, ver varias imágenes de objetos que se encontraban mucho más lejos que ellas. Es lo que se conoce como una *lente gravitacional* o *lente gravitatoria*.

Esta fotografía de otro cuásar cuya luz forma una cruz de Einstein la tomó el Hubble en 2017.

Si viviéramos en un planeta lejano, probablemente veríamos otras cruces, pero seguramente no las dos de esta doble página que forman parte de nuestro paisaje cósmico y solo nuestro, ya que dependen de alineaciones muy precisas.

Sin embargo, no todas las fuentes de luz lejanas son tan puntuales como los cuásares. Pueden estar muy extendidas, como una galaxia. En esos casos, las lentes gravitacionales tienden a deformarlas y convertirlas en arcos. A veces, incluso es posible que la deformación forme un anillo completo.

El de la página siguiente fue publicado por el James Webb el 5 de junio de 2023.

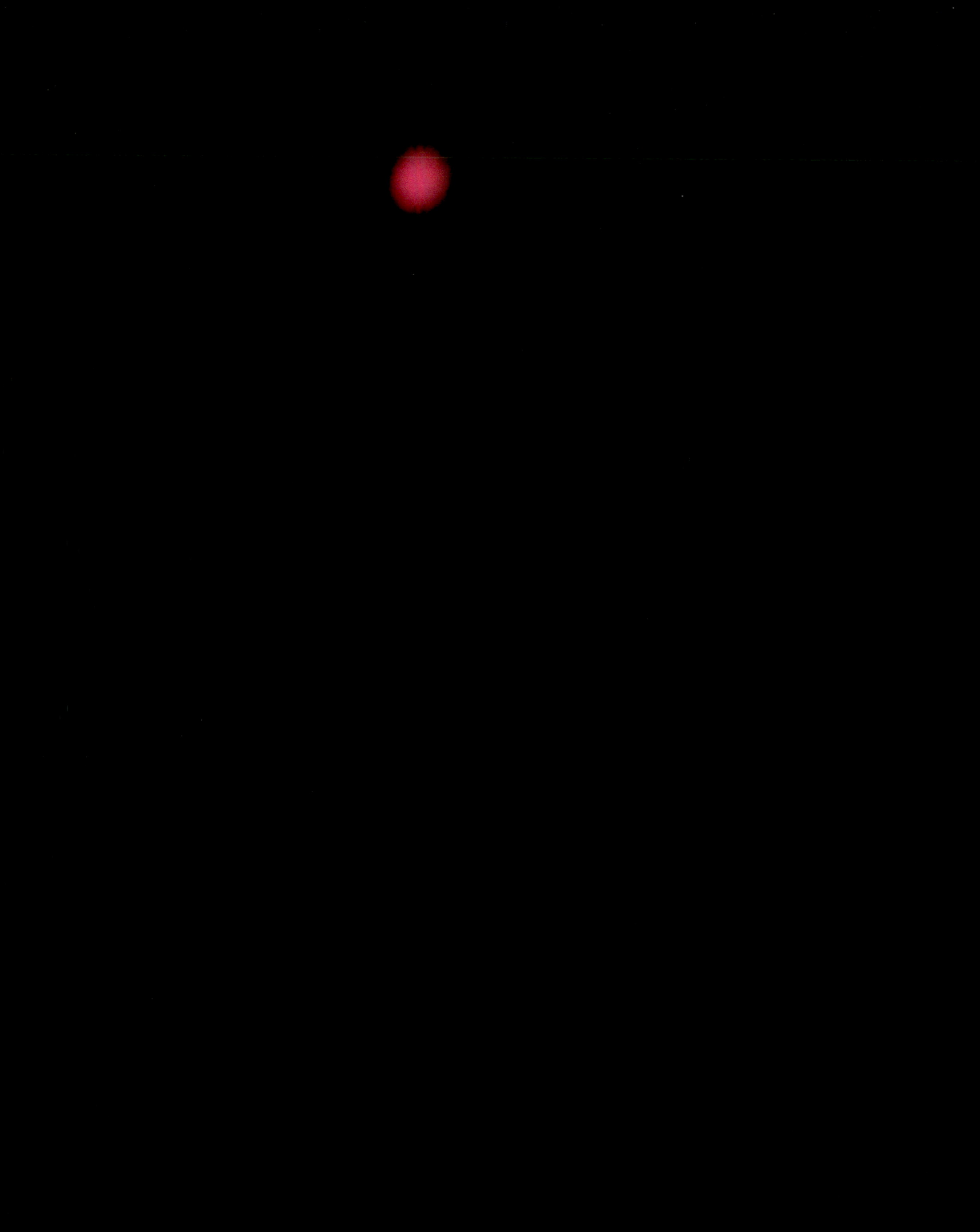

FUNDIR UNA GALAXIA

El punto rojo de la parte superior izquierda de la página anterior es una galaxia bastante normal, mientras que el círculo de la parte inferior derecha es el efecto de una lente gravitacional. En él aparecen dos galaxias. La primera, la más cercana a nosotros, está a 3000 millones de años luz. Se ve en el centro, en azul. Es esta galaxia la que, al deformar el espacio y el tiempo a su alrededor, desvía la luz de la otra galaxia, mucho más lejana, haciendo que aparezca como un anillo rojo. Se trata de un *anillo de Einstein*. Contiene la luz amplificada de la galaxia lejana, cuya emisión infrarroja pudieron analizar los detectores del Webb, lo que permitió a los científicos identificar la presencia de moléculas orgánicas complejas. Fue la primera vez que se detectaron moléculas complejas tan lejos en el espacio. Sin la lente gravitacional, no habría sido posible, ya que la luz de la galaxia lejana habría sido demasiado débil, incluso para el Webb.

Las lentes gravitacionales no solo nos envían imágenes múltiples o distorsionadas del espacio profundo. También las amplifican. Crean lupas en el espacio y el tiempo que nos permiten ver cosas que de otro modo serían invisibles.

La galaxia que se convirtió en un anillo en la página anterior está cuatro veces más lejos que la galaxia que la está distorsionando, a unos 12 000 millones de años luz. Empezamos a estar muy muy lejos de la Tierra.

Las lentes gravitacionales pueden crearlas las galaxias, pero también los cúmulos de galaxias. Es el caso de la imagen contigua, publicada por el Hubble el 14 de diciembre de 2020 y que se ha bautizado como el *Anillo fundido*. Corresponde a la imagen deformada y amplificada de una galaxia situada a 9400 millones de años luz.

Con este tipo de lentes, que se extienden a distancias colosales, no se puede descartar que la luz procedente de fuentes ultradistantes pueda seguir caminos tan distintos entre sí que los tiempos empleados para recorrer los diversos trayectos también sean diferentes. Múltiples imágenes de galaxias lejanas podrían entonces mostrarnos, al mismo tiempo, diferentes momentos de sus vidas. Esto es lo que ocurre en la imagen que encontrarás al pasar la página, en la que te espera un pequeño juego.

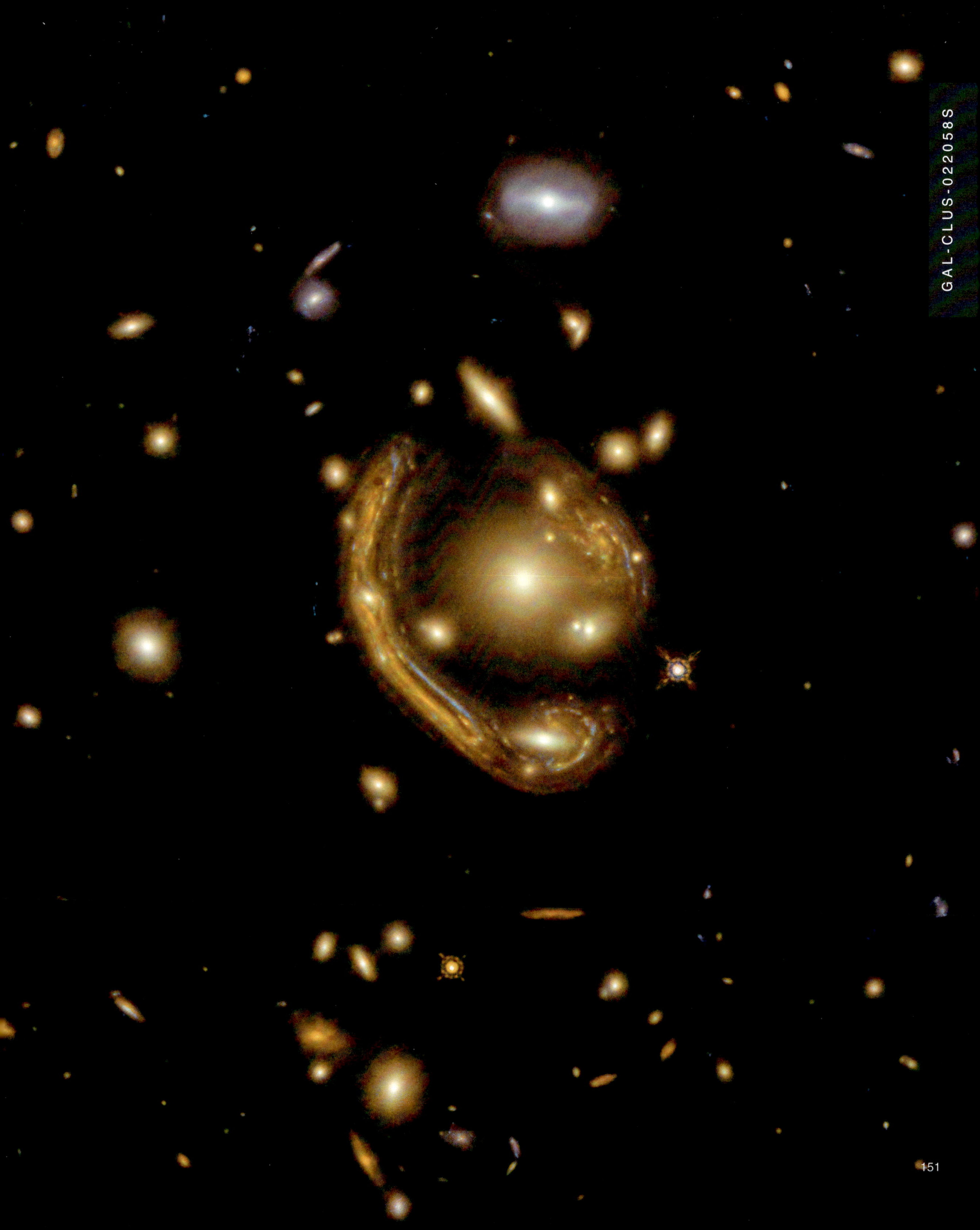

EL JUEGO DE ENCONTRAR LAS DIFERENCIAS

Las dos fotografías de esta doble página fueron tomadas por el Hubble en 2016 y 2019. En ellas se ve una lente gravitacional formada por el cúmulo de galaxias blancas ligeramente globulares en el centro de la imagen. Se encuentran a unos 4000 millones de años luz de la Tierra. Para entender la naturaleza de los extraños arcos anaranjados que crea este cúmulo por el efecto de lente, los científicos han analizado su luz y han hecho dos descubrimientos sorprendentes.

El primero es que no hay tres, sino cuatro arcos, todos ellos imágenes distorsionadas de una misma galaxia lejana que se encuentra 2,5 veces más lejos, a 10 000 millones de años luz. El segundo es que una estrella acababa de explotar en esa galaxia lejana justo cuando el Hubble la fotografió. Aparece tres veces en la imagen de 2016 y ninguna en la de 2019.

Te dejo que las encuentres comparando las dos fotografías, como en el juego de encontrar las diferencias. No es demasiado difícil y debería ayudarte a identificar tres de las cuatro imágenes de la galaxia lejana, e incluso si dudas por un momento, deberías darte cuenta enseguida de que uno de los arcos (el más grande) está formado en realidad por dos arcos unidos, porque la estrella en cuestión aparece allí dos veces. Si no las encuentras, las respuestas a la mayoría de estos pequeños juegos están al final del libro (pero te recomiendo que busques un poco antes de ir a mirarlas, ya que te ayudará a familiarizarte con estas fotografías tan peculiares).

2019

La cuarta imagen de la galaxia amplificada es diferente de las demás. No aparece con el mismo ángulo y no muestra ninguna explosión. Ni en la imagen de 2016 ni en la de 2019.

Los científicos han estudiado este hecho tan extraño y han encontrado una explicación: el camino que recorre la luz que origina la cuarta imagen es unos veinte años luz más largo que los otros tres. Por tanto, esta cuarta imagen de la galaxia lejana la muestra tal y como era unos veinte años antes que las otras tres.

A partir de esto predijeron que la explosión aún no se había producido y que debería aparecer hacia 2037, unos años más, unos años menos.

Mientras esperamos para ver si estaban en lo cierto, ahora puedes poner a prueba tu destreza para detectar lentes gravitacionales en la imagen del Webb que aparece a continuación. Es un poco más difícil, pero este ejercicio será tu puerta de entrada a la detección de los primeros destellos del universo.

LENTES DE CÚMULOS

Esta imagen tomada por el Webb en infrarrojo es de febrero de 2023.

Un cúmulo de galaxias situado a 3200 millones de años luz forma una lente gravitacional gigantesca que crea, a su derecha, tres imágenes distintas de un par de galaxias mucho más lejanas.

Puede que te lleve un poco de tiempo, pero estoy seguro de que no solo conseguirás identificar el cúmulo responsable de la lente (sus galaxias aparecen en blanco), sino también las tres imágenes del par de galaxias.

Cuando lo hayas hecho, será el momento de que empieces a explorar el universo profundo y te adentres en el maravilloso mundo de la cosmología.

CÚMULO DE GALAXIAS RX J2129

155

COSMOLOGÍA

Espacio profundo: La parte más distante del universo, tanto en el espacio como en el tiempo.

Campo profundo: Imagen tomada por un telescopio que apunta a una zona minúscula del espacio durante un período de tiempo muy largo (desde varias horas hasta varios días) con el fin de recoger la mayor cantidad de luz posible y mostrar el espacio profundo. El primer campo profundo se tomó en 1995. Lo hizo el Hubble. El primer campo profundo del Webb es de julio de 2022.

Principio cosmológico: Hipótesis que afirma que, a muy gran escala, el universo es igual en todas direcciones, independientemente del lugar desde el que se mire. Una de las consecuencias de este principio es la idea de que el universo no puede tener ni centro ni borde, porque esos lugares serían especiales y veríamos un universo diferente al que se ve desde otro lugar.

Teoría del Big Bang: Cualquier teoría que implique que el universo creció a partir de un estado mucho más pequeño y caliente que el actual. Existen muchas teorías sobre el Big Bang, porque depende del contenido que los científicos atribuyan al universo. No obstante, todas se basan en la relatividad general de Einstein.

Singularidad: Lugar en el espacio y el tiempo donde no se puede aplicar ninguna teoría conocida debido a infinitos que surgen en los cálculos y hacen desaparecer las nociones mismas de espacio y tiempo. En relatividad general se conocen dos categorías de singularidades. La primera comprende las singularidades que surgen en el interior de los agujeros negros. Es posible que existan muchas. La segunda solo incluye una única singularidad, la que marca el nacimiento del espacio y el tiempo en el origen del universo. Esta singularidad se ha llamado *Big Bang*.

EL CAMPO PROFUNDO NORTE

De vuelta en la Tierra, contento de haberte reencontrado con el Sol, la Vía Láctea y la Luna, observas una pequeñísima zona del cielo a la que el telescopio Hubble apuntó en 1995. Se trata de una de las regiones menos pobladas de estrellas del hemisferio norte, en la Osa Mayor. Se muestra aquí en la página de la derecha junto a la Luna para dar una idea de su tamaño en el cielo.

El Hubble observó esta zona durante más de 100 horas para recoger la mayor cantidad de luz posible.

El resultado es la imagen de la izquierda, que dejó boquiabiertos a todos los científicos del planeta. Contiene aproximadamente 3000 galaxias. Es el campo profundo norte del Hubble. Al extrapolarlo a todo el cielo, el Hubble acababa de dar a la humanidad una idea de la verdadera inmensidad del universo.

Sin embargo, por insignificante que pareciera la zona seleccionada, podría haber sido, por alguna casualidad cósmica, la única parte del cielo tan llena de galaxias lejanas. Algo que parecía improbable, porque los científicos habían aceptado más o menos como una filosofía el principio cosmológico: cuando se mira lo suficientemente lejos, todas las direcciones del cielo deberían ser equivalentes. Este pedacito de oscuridad entre las estrellas presagiaba un universo fabulosamente grande, ciertamente, pero había que comprobarlo.

Los astrónomos decidieron apuntar el Hubble hacia otro rincón oscuro del universo, al otro lado de la Tierra. La imagen recogida, rayo de luz tras rayo de luz, se convirtió en el campo profundo sur. Lo encontrarás al pasar la página.

EL CAMPO PROFUNDO SUR

Fotografiado en 1996 por el Hubble, el campo profundo sur se parece tanto al campo profundo norte que se eliminaron todos los modelos de universo que no predecían esta uniformidad del fondo del espacio.

Sin lugar a dudas, el universo parecía ser más o menos igual en todas direcciones.

Y gigantesco.

Al extrapolar al resto del cielo lo que revelaron estos dos campos profundos, el conjunto de todos los supercúmulos de galaxias que has descubierto hasta ahora se convirtió en una pequeñísima parte de una realidad aún mayor, un punto en el centro de un universo inmenso que llamamos el *universo observable*.

LOS SUPERCÚMULOS LOCALES

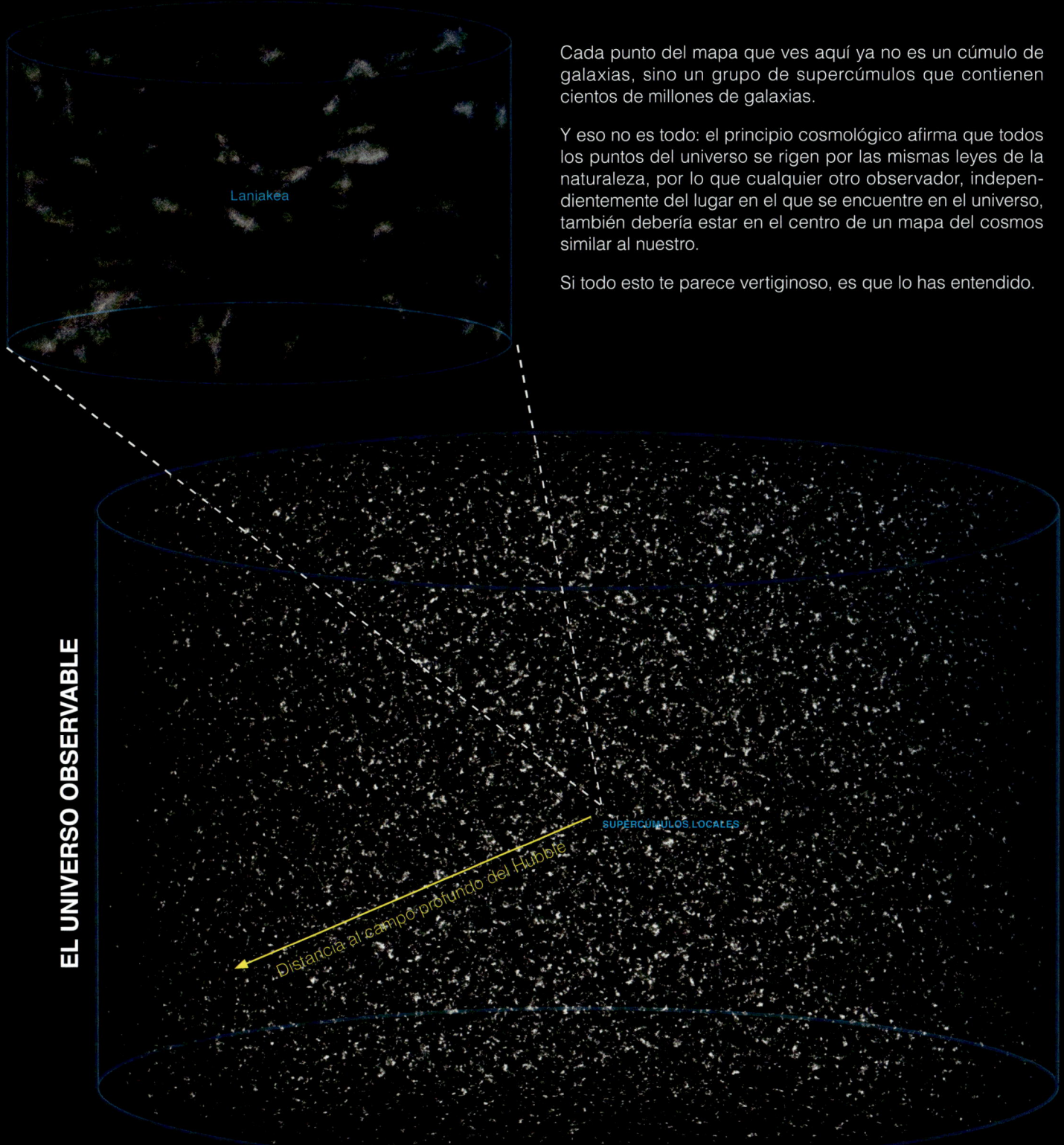

Laniakea

EL UNIVERSO OBSERVABLE

SUPERCÚMULOS LOCALES

Distancia al campo profundo del Hubble

Cada punto del mapa que ves aquí ya no es un cúmulo de galaxias, sino un grupo de supercúmulos que contienen cientos de millones de galaxias.

Y eso no es todo: el principio cosmológico afirma que todos los puntos del universo se rigen por las mismas leyes de la naturaleza, por lo que cualquier otro observador, independientemente del lugar en el que se encuentre en el universo, también debería estar en el centro de un mapa del cosmos similar al nuestro.

Si todo esto te parece vertiginoso, es que lo has entendido.

En 2002, un equipo de astronautas viajó al Hubble para sustituir sus paneles solares e instalar una nueva cámara, más potente y sensible.

Dos años más tarde, se apuntó con esta cámara a una región tan desprovista de estrellas como las de los campos profundos norte y sur, un pedacito de noche del hemisferio sur, hacia la constelación del Horno, cuyas estrellas apenas son visibles a simple vista. La imagen se publicó en 2004. Es el campo ultraprofundo del Hubble. Las galaxias más antiguas que aparecen en esta imagen se encuentran aproximadamente a la distancia indicada por la flecha amarilla en el mapa del universo observable, sobre estas líneas.

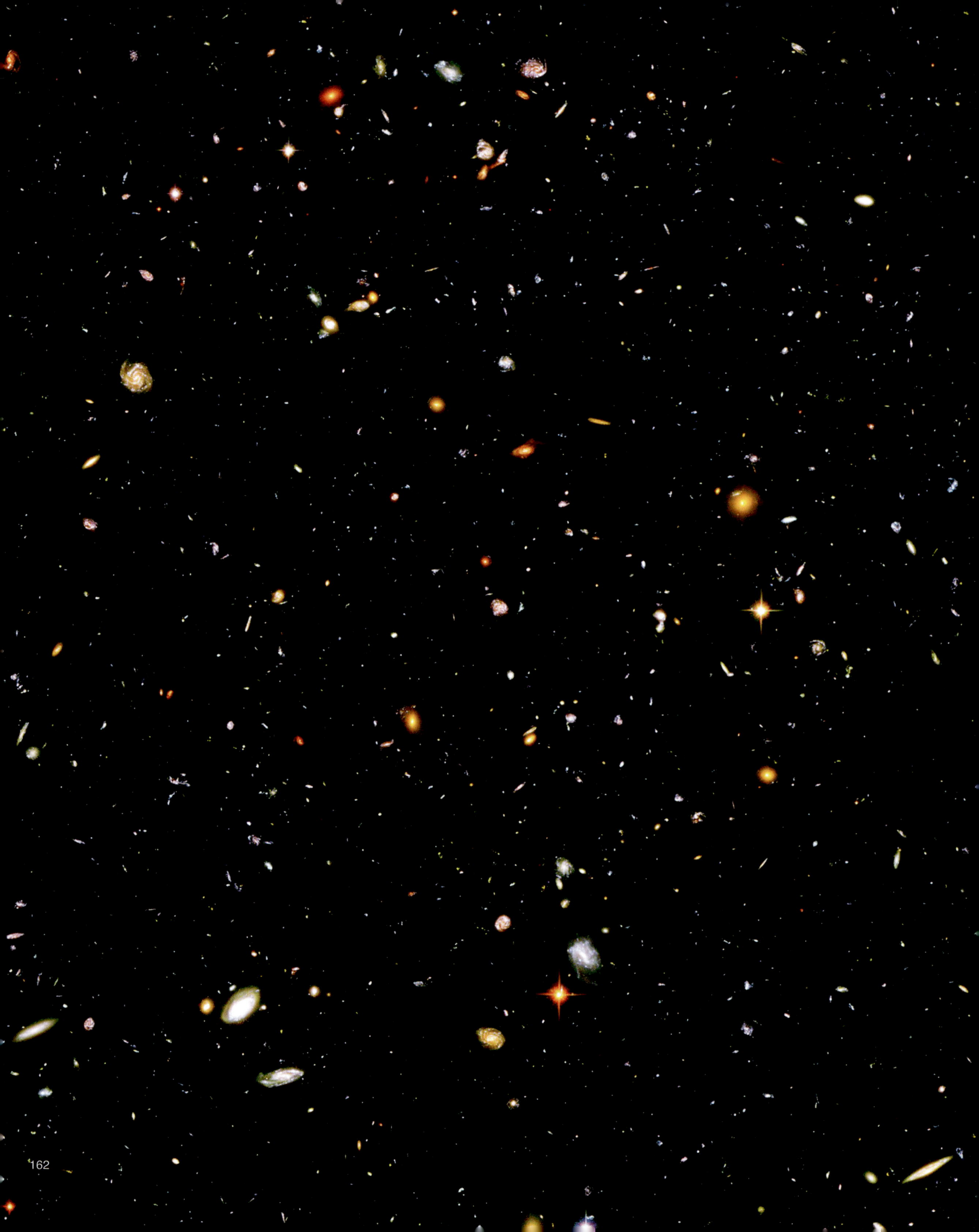

EL CAMPO ULTRAPROFUNDO DEL HUBBLE

El campo ultraprofundo del Hubble es sin ninguna duda una de las fotografías cósmicas más impresionantes que jamás hará la humanidad, independientemente de las tecnologías que podamos inventar en el futuro.

La razón es que está tomada en luz visible y, por lo tanto, los colores son reales. Corresponde a lo que verías si miraras fijamente en la oscuridad de la noche entre las estrellas de la constelación del Horno, desde el espacio, con unos ojos enormes capaces de acumular la luz que reciben durante cien horas.

Aparecen algunas estrellas de la Vía Láctea, demasiado débiles para verlas a simple vista. Esta vez tienen los patrones de picos de difracción característicos del Hubble: una estrella de cuatro puntas, mientras que los del Webb son estrellas de ocho puntas. Yo veo seis de estas estrellas de cuatro puntas, pero quizá tú veas más. En cualquier caso, todas las demás fuentes de luz que se aprecian en esta imagen son galaxias. Hay unas diez mil.

De un vistazo, su color te permite saber si están cerca de nosotros o en el otro extremo del universo. Las que son todavía un poco azules están cerca, mientras que las rojas están lejos, no debido al efecto Doppler (el desplazamiento observado es tan grande que su velocidad sería asombrosa), sino debido a la expansión del universo.

Desde la Tierra, contemplas este campo ultraprofundo durante un buen rato, absorto.

Te imaginas otra vez viajando por el espacio, sobrevolando de cerca algunas de estas islas de polvo, estrellas y luz dispersas por el espacio y el tiempo, estas galaxias que contienen cada una trillones de soles y cientos de millones de agujeros negros, uno de los cuales, supermasivo, y formado no sabemos cómo, reina en su centro.

Los campos profundos del Hubble nos han mostrado que alrededor de un tercio de las galaxias lejanas tienen formas extrañas, y por tanto, que las galaxias no se convirtieron en elípticas o espirales hasta mucho tiempo después en la historia del universo, como resultado de interacciones, colisiones y fusiones. De hecho, en esta imagen están presentes todas las etapas de la evolución galáctica, en distintas fases de desarrollo.

En la sección anterior, te preocupaba la colisión de la Vía Láctea y Andrómeda, pero hoy sabemos que la Vía Láctea ya ha engullido en el pasado más de una docena de otras galaxias. Hemos encontrado rastros de ellas en el cielo. Sin estas fusiones pasadas, que dieron origen a millones de estrellas, es muy probable que no existiéramos.

Más allá de las galaxias más lejanas que pueden verse en esta imagen, en las profundidades del campo ultraprofundo, la expansión del universo ha estirado tanto la luz que todos los rayos que inicialmente eran visibles se han convertido en infrarrojos.

Si bastara con construir un telescopio más potente que el Hubble para captar la luz visible procedente de lugares aún más lejanos, las galaxias más distantes no se verían aquí rojas, sino amarillas o anaranjadas. Quedaría entonces cierto margen antes de que la expansión las hiciera invisibles. Pero no es así. Las galaxias más lejanas son rojas. Muy rojas. Ver más lejos es imposible con la luz que perciben nuestros ojos. El campo ultraprofundo del Hubble marca por tanto el límite de lo que podemos ver con nuestros ojos, incluso con la ayuda de un telescopio. Por eso esta imagen es tan extraordinaria. Marca el límite de lo que nunca podremos ver. Más allá está lo invisible, el infrarrojo, el territorio del James Webb.

El Webb es capaz de detectar la luz infrarroja que emana del negro de esta imagen, entre las galaxias lejanas. Nos permite acceder a una luz que ya no detectan nuestros ojos ni el Hubble, y mostrarnos así cómo era la infancia del universo.

Sin embargo, el James Webb también tiene un límite.

No puede, por ejemplo, retroceder hasta el origen del tiempo, hasta el Big Bang. Pero no se queda muy lejos.

Para entenderlo y apreciar lo que el Webb ha ido a buscar tan lejos de nosotros, te invito ahora a sumergirte por un momento en lo que sabemos sobre la historia del universo.

LA HISTORIA DEL UNIVERSO

La cosmología es la rama de la física que estudia el origen y la evolución del universo a gran escala.

Los científicos que trabajan en este campo tienen a su disposición dos herramientas. Por un lado la teoría, en particular la de Einstein, que permite hacer predicciones y tener la ilusión de comprender lo que ocurre. Y, por otro lado, las observaciones, que no solo permiten verificar las predicciones sino también, a veces, con un poco de suerte, descubrir nuevas facetas de la realidad.

En todo caso, siempre son las observaciones las que cuentan. Esa es la base de la ciencia. Cuando las observaciones y las teorías están en conflicto, son estas últimas las que deben adaptarse o cuestionarse. Sin embargo, los teóricos no siempre están de acuerdo, especialmente cuando se trata de sus propias teorías. Sea como fuere, los exploradores y exploradoras del pasado del universo siempre tienen un sueño común: ver más lejos en el espacio para ver más atrás en el tiempo. Y si esta búsqueda es posible, es gracias a la luz.

Recuerda: un rayo de luz que ha viajado durante 13 000 millones de años lleva consigo una imagen del universo de hace 13 000 millones de años. Una luz que viene de lejos es una instantánea del pasado más remoto. Al apuntar a las direcciones más oscuras del cielo, los lugares que parecen estar más desprovistos de estrellas, nuestros telescopios intentan captar la luz del pasado más lejano. El telescopio James Webb se construyó con este propósito y lo que vas a contemplar en unos instantes son las extraordinarias imágenes que ha recopilado de ese pasado.

Antes, no obstante, te invito a descubrir lo que ha conseguido otro telescopio espacial, llamado Planck, que Europa envió al espacio en 2009. Su objetivo era ver aún más lejos de lo que el Webb podrá ver jamás, para comprobar una extraordinaria consecuencia de la teoría de Einstein: la posible existencia de un límite, en el pasado lejano, a la propagación no solo de la luz visible, sino de todos los tipos de luz.

Un límite en el espacio y el tiempo

Recuerda a Georges Lemaître, el extraordinario científico belga que comprendió que el desplazamiento al rojo de las galaxias lejanas implicaba la expansión del universo.

Le habíamos dejado ahí al principio del libro, pero Lemaître luego se interesó en lo que implicaba su descubrimiento para el pasado de todo el cosmos. En su mente se formó una imagen del espacio tal y como él lo entendía, con sus galaxias lejanas alejándose unas de otras. Luego imaginó que el tiempo retrocedía y las galaxias se acercaban unas a las otras, con sus colosales cantidades de materia uniéndose poco a poco dentro de un espacio que se hacía cada vez más pequeño, más caliente y más denso. Sin parar de retroceder en el tiempo, dejando que la totalidad del universo se compri-

miera, llegó a un nivel tan extremo en todas partes que ninguna de las teorías de la gravitación que él conocía (ni nadie) le permitió llegar más lejos.

Como demostró Stephen Hawking unos cuarenta años más tarde, las ecuaciones de Einstein predicen su propio límite. Como consecuencia, según la relatividad general, el espacio y el tiempo, esos dos conceptos que quizá parecían familiares para algunos hasta ese momento, no podían haber existido desde siempre.

Nadie sabe aún cómo pensar en un universo sin espacio ni tiempo, y esa es una de las razones por las que el Big Bang, nombre dado al límite no de lo que podemos ver, sino de lo que podemos calcular utilizando la relatividad general, sigue siendo un misterio aún hoy.

Por este motivo, la idea de un Big Bang no era del agrado de todos. Incluido el propio Einstein, que se negó rotundamente a aceptar que el universo pudiera tener una historia. Al menos al principio, porque a medida que se acumulaban las observaciones, acabó por admitir que probablemente fuera cierto.

Pero ¿cómo probarlo? Si mirar lejos en el espacio equivale efectivamente a mirar lejos en el pasado, ¿podríamos ver la aparición repentina del espacio y del tiempo y comprobar que el universo tuvo efectivamente un principio?

Demostrar el Big Bang

En 1948, tres científicos, Ralph A. Alpher, Robert C. Herman y George Gamow, pensaron que sí. Para intentar demostrarlo, empezaron por preguntarse qué era posible imaginar. Antes del Big Bang, en ausencia de espacio y tiempo, las posibilidades eran muy limitadas. Así que se concentraron en lo que debió ocurrir después, una vez que el espacio y el tiempo estuvieron ahí, creados no sabemos muy bien cómo ni a partir de qué, pero ahí están, formando el tejido del universo.

En sus mentes y en sus pizarras llenaron este espacio incipiente de una energía colosal. Estamos hablando de temperaturas superiores a miles de millones de grados. Una sopa de energía pura. No se parecía en nada a la realidad tal y como la conocemos hoy, pero aun así era un buen punto de partida, porque a partir de ahí los tres científicos podían dejar que el tiempo fluyera normalmente, del pasado al futuro, y ver qué sucedía.

La expansión alargó las distancias.

El universo aumentó de volumen.

La temperatura global descendió.

La sopa de energía pura mencionada anteriormente es una metáfora, por supuesto. Era una mezcla de partículas (conocidas o desconocidas), energías (conocidas o desconocidas) y luces (conocidas). Pero aún no había átomos, ni siquiera núcleos atómicos. La temperatura era demasiado elevada para que las partículas pudieran unirse entre sí y se convirtieran en átomos. Así que los electrones estaban libres, pero como toda libertad existe a expensas de otra, la luz no lo estaba. No podía moverse libremente. El universo era tan compacto y denso que, en cuanto algo emitía una radiación electromagnética, esta era absorbida de inmediato por un electrón errante. Debido a esto, el universo era por completo opaco a toda la luz, no solo a la luz visible. Incluso las ondas de radio, las que hoy atraviesan nuestras paredes, se frenaban en cuanto aparecían y, rebotando de electrón en electrón, existían sin llegar a avanzar realmente.

Liberación de la luz

En otras palabras, la conclusión inicial de Alpher, Herman y Gamow fue que, dentro de nuestro joven universo, no podíamos ver nada. Y puesto que hoy podemos ver, algo tuvo que ocurrir para que el universo se volviera transparente. Pero ¿qué?

Había que privar a los electrones de su libertad para que no pudieran interactuar con todas las distintas luces. Tenían que formarse átomos, de manera que los electrones, atrapados en su interior, solo pudieran interactuar con las luces que les permitieran cambiar de trayectoria, no con las demás. La mayor parte de la radiación quedó entonces libre para recorrer el universo como lo hace hoy. O mejor dicho, casi como hoy, porque los primeros átomos, los de hidrógeno, debieron formarse en tal cantidad que una especie de nube omnipresente tuvo que llenar todo el espacio. El universo se había vuelto finalmente transparente a la luz, pero debía de estar inmerso en una fina niebla de hidrógeno.

Alpher, Herman y Gamow estimaron que para que se formaran los átomos de hidrógeno y no los destruyera de inmediato el calor ambiente, la temperatura del universo debía ser inferior a 2700 °C. Según la teoría, el universo, que estaba enfriándose, tendría que haber alcanzado esta temperatura aproximadamente 380 000 años después del Big Bang, hace 13 800 millones de años.

En resumen, si el universo había empezado caliente y opaco, y había crecido a partir de ahí, entonces debió volverse transparente (pero lleno de niebla) casi de repente con la aparición de los primeros átomos de hidrógeno. Y si este razonamiento era correcto, entonces se convertía en una predicción, ya que cualquier material que se calienta a 2700 °C emite una luz visible ligeramente anaranjada. Por lo tanto, las primeras luces del universo debieron de ser de este color. Para comprobarlo,

solo teníamos que apuntar nuestros telescopios hacia la oscuridad de la noche y disfrutar del precioso color naranja que seguramente brillaría continuamente más allá de las galaxias lejanas.

Ver las noches de color naranja

Hasta aquí, todo iba bien.

Con la excepción de que, en este punto, nada tenía sentido. La profundidad de la noche no es naranja, sino negra. No hace falta construir un telescopio para comprobarlo. Alpher, Herman y Gamow se hicieron, obviamente, la misma observación y corrigieron su teoría incluyendo el efecto de la expansión del universo sobre esta luz naranja.

Para llegar hasta nosotros, esos primeros rayos tuvieron que viajar durante 13 800 millones de años a través de un espacio en expansión. Del color naranja debieron pasar al rojo y luego al infrarrojo, como la luz de las galaxias lejanas. Pero estos rayos venían de más lejos todavía, por lo que debieron haberse desplazado aún más allá del infrarrojo, hasta convertirse en microondas. Los primeros destellos del universo serían invisibles hoy para nuestros ojos, pero también para los del Hubble y el Webb. Por eso la profundidad de la noche es negra y no naranja, incluso en las imágenes del Hubble y del Webb. Pero ¿sigue siendo negra si observamos la noche en microondas?

No, no lo es.

Brilla.

Alpher, Herman y Gamow lo predijeron, y esta radiación la detectaron en 1964, un poco por casualidad, Arno Penzias y Robert Wilson, lo que les valió el Premio Nobel de Física en 1978.

Se había cerrado el círculo. Penzias y Wilson comprobaron experimentalmente que Lemaître estaba en lo cierto, que Alpher, Herman y Gamow tenían razón, que el universo observable había crecido, en efecto, a partir de un estado mucho más pequeño y caliente que el actual. Las primeras luces que habían viajado libremente seguían presentes en las profundidades de la noche. Las habían captado. Si no eran visibles a simple vista, era simplemente porque se habían enfriado.

EL MURO DEL FONDO DEL ESPACIO

Desde el descubrimiento de Penzias y Wilson, se han enviado al espacio telescopios para medir específicamente esta radiación de microondas. El más reciente, el satélite europeo Planck, nos proporcionó en 2013 la imagen de abajo. Es una imagen del fondo del cielo completo al que se le han eliminado todas las estrellas y galaxias.

Es una fotografía de una luz que ha viajado durante 13 800 millones de años, una luz que fue emitida por la materia cuando el universo se hizo transparente. Es una visión directa del muro que separa la opacidad de la transparencia. La temperatura global era entonces de 2700 °C, pero la expansión hace que la veamos hoy a -270,4 °C, lo que corresponde (véase la página 19) a una longitud de onda de luz de 1,9 milímetros, es decir, microondas. En este mapa, las mayores diferencias de temperatura se dan entre las zonas azul oscuro y naranja oscuro, y esta diferencia es inferior a 0,0001 °C en torno a la temperatura media de -270,4 °C, lo que confirma una vez más la validez del principio cosmológico: el fondo del espacio tiene la misma temperatura en todas las direcciones. George F. Smoot y John C. Mather nos ayudaron a comprender esta radiación y, por tanto, esta imagen del Planck, motivo por el cual recibieron conjuntamente el Premio Nobel de Física en 2006.

John C. Mather se dio cuenta de que, para ver lo que había sucedido después en la historia del universo, no servían ni las microondas ni la luz visible. Había que mirar lejos y en el infrarrojo.

Por eso lanzó la construcción del satélite James Webb.

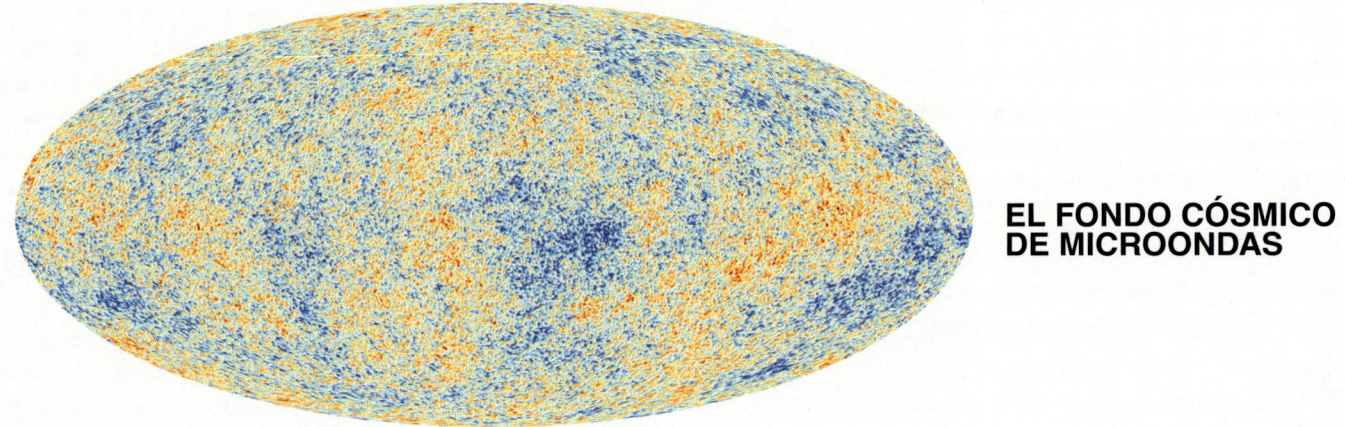

EL FONDO CÓSMICO DE MICROONDAS

LEER LA HISTORIA EN LAS ESTRELLAS

En el universo no existe ninguna señal capaz de viajar de forma instantánea de un lugar a otro. La velocidad más rápida que existe es la de la luz (que es también la de las ondas gravitacionales) y nada, ni nadie, puede ir más rápido. Esta restricción podría parecer muy molesta, ya que limita la velocidad de la información, pero es precisamente su existencia la que nos permite retroceder en el tiempo y explorar el pasado del universo.

Si en la naturaleza existiera una señal que viajara de forma instantánea, entonces, al apuntar nuestros telescopios hacia las estrellas, podríamos utilizarla para acceder a los presentes de otros mundos. Habría un presente común para todas y todos, para los seres y las cosas de aquí y de otros lugares. Sería un tiempo externo a nuestro universo, un tiempo que se parecería al de Newton.

En un universo así, el presente de otros mundos desaparecería como el nuestro, a cada instante, para existir solo en los recuerdos. El presente anterior, ahora convertido en pasado, solo sería accesible indirectamente a través de sus efectos sobre el presente.

Pero no existe ninguna señal instantánea. La luz de una estrella situada a diez, cien o mil años luz de distancia tarda diez, cien o mil años en llegar hasta nosotros. Por lo tanto, desde la Tierra, es imposible ver instantáneamente los presentes de otros lugares. Cuando miramos al cielo, solo podemos ver los pasados de otros mundos, otras estrellas, otras galaxias. Las distancias que nos separan de ellos también son tiempos. Estamos rodeados de pasados que nos envuelven, uno tras otro, desde los más recientes a los más lejanos.

A medida que el universo se expande, todos esos pasados se alejan. Cuanto más lejos están, más sufren la expansión y más rápido se alejan. Como resultado, su luz se desplaza hacia el rojo. Es la ley de Hubble.

Cerca de nosotros, los pasados son recientes y los desplazamientos al rojo son leves. Telescopios como el Hubble o el VLT pueden ver estos pasados cercanos con luz visible. En cambio, las señales que nos llegan de las profundidades del universo llevan la imagen de pasados mucho más lejanos y su desplazamiento al rojo es mucho más pronunciado. Los primeros destellos de luz del universo, en otro tiempo visibles a simple vista, se han convertido en microondas. Proceden del muro que se encuentra en las profundidades del espacio y que se conoce como *fondo cósmico de microondas.* Este es el límite, en el espacio y en el tiempo, del universo que podemos observar utilizando la luz.

Entre este muro de microondas y lo que el Hubble puede ver en luz visible, empezaron a brillar las primeras estrellas y su luz nos llega hoy en infrarrojo.

Con el telescopio Webb, por fin tenemos acceso a toda la infancia del cosmos.

EL MODELO ESTÁNDAR DE LA COSMOLOGÍA

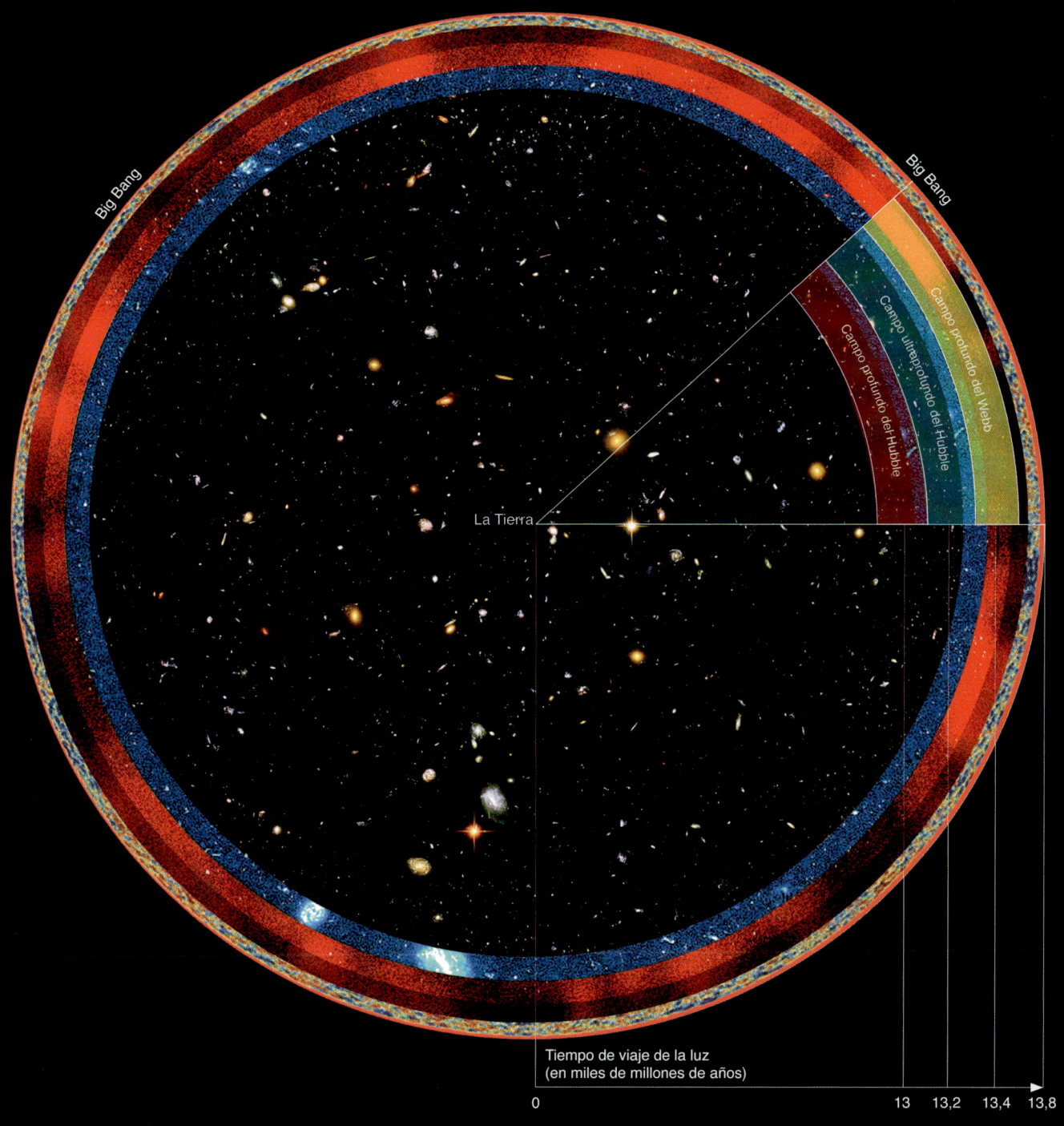

Big Bang

Big Bang

Campo profundo del Hubble

Campo ultraprofundo del Hubble

Campo profundo del Webb

La Tierra

Tiempo de viaje de la luz
(en miles de millones de años)

0   13   13,2   13,4   13,8

He aquí un diagrama del cosmos tal y como lo imaginamos hoy en día. La Tierra está en el centro, por supuesto, porque es desde la Tierra desde donde observamos el espacio. Cada círculo que la rodea, esté dibujado o no en el diagrama, corresponde a una distancia y, por lo tanto, a un momento del pasado del universo cuyas imágenes nos llegan ahora. Esta visión del universo y de su historia es lo que los científicos llaman hoy el *modelo cosmológico estándar* o *modelo estándar de la cosmología*.

Se puede ver dónde se encuentran, en el espacio y en el tiempo, los campos profundos del Hubble y del Webb.

EL JAMES WEBB SE ENFRENTA AL CAMPO PROFUNDO

El primer campo profundo del telescopio Webb, que se muestra aquí, se publicó en julio de 2022. Cubre una parte del cielo del tamaño de un grano de arena sostenido a la distancia de un brazo extendido.

Se necesitaron más de cuatro días de tiempo de exposición para que el Hubble obtuviera su campo ultraprofundo (p. 162). Al James Webb le bastó medio día para crear este.

Con la experiencia que has adquirido hasta ahora, seguro que ya reconoces e identificas muchos detalles. Las fuentes más brillantes, por ejemplo, son fáciles de detectar: su luz se difracta al pasar por los instrumentos del Webb y crea los picos en forma de estrella de ocho puntas característicos de este telescopio.

Estos patrones de difracción son impresionantes, pero son estrellas de la Vía Láctea y no deben impedirte ver la gigantesca lente gravitacional que distorsiona y amplifica muchas galaxias que están mucho más lejos. La lente en sí se debe al cúmulo de galaxias blanquecinas y esponjosas agrupadas en el centro de la imagen, bajo el patrón de difracción azul de mayor tamaño. Las galaxias más lejanas, distorsionadas, aparecen en forma de arcos. Decenas de ellas salpican la imagen. No veríamos ninguna sin el efecto de lente.

Evidentemente, los colores de esta imagen siguen sin ser reales, porque el Webb solo puede ver en el infrarrojo. Ya no es la expansión del universo lo que hace que algunas galaxias sean azules y otras aparezcan rojas. Aquí, de nuevo, los colores se han asignado según la naturaleza de su fuente. El resultado es que las galaxias que contienen poco polvo aparecen en azul, mientras que las que están repletas de él aparecen en rojo. El polvo más complejo, rico en moléculas que contienen carbono, aparece en verde.

También se pueden ver en la imagen otros tipos de radiación infrarroja. Está la que emiten estrellas muy jóvenes, las nubes de gas calientes o incluso los agujeros negros. Pero también la que procede de galaxias que fueron visibles hace mucho tiempo, pero cuya luz se ha vuelto infrarroja debido a la expansión del universo.

Hay al menos dos de ellas en esta imagen. Dos galaxias cuya luz nos llega desde tiempos tan remotos que ningún telescopio puede detectarlas salvo el Webb. Se encuentran entre las estructuras más antiguas observadas en el universo.

Al pasar la página, verás dónde se esconden y cómo su espectro nos permite saber que están tan lejos.

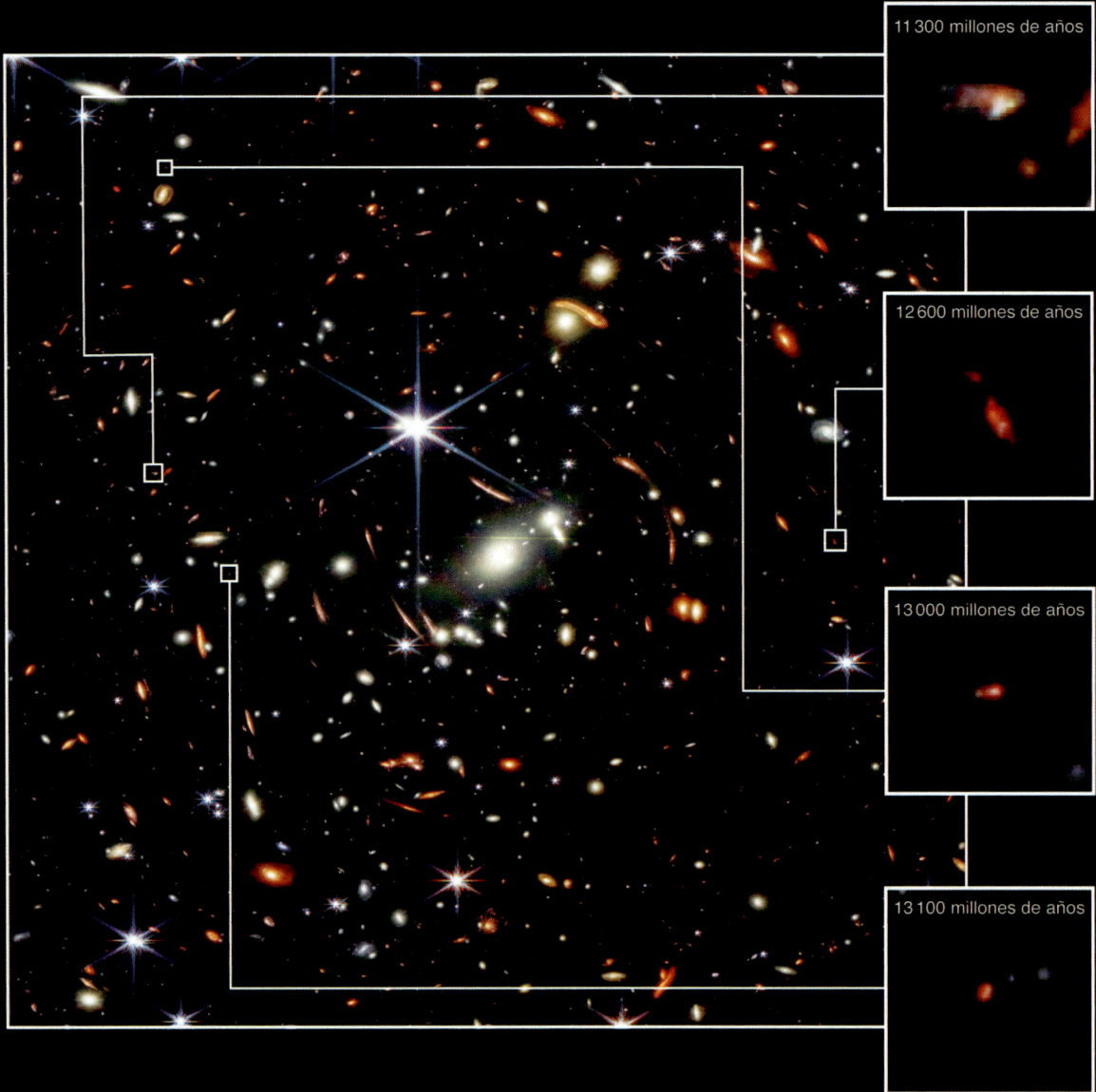

11 300 millones de años

12 600 millones de años

13 000 millones de años

13 100 millones de años

LAS PRIMERAS GALAXIAS

En esta imagen se muestran no dos, sino cuatro galaxias extremadamente lejanas encontradas en el primer campo profundo del telescopio
Webb.

La luz de estas cuatro galaxias se ha podido aislar y analizar por separado. Se han reconocido líneas espectrales pertenecientes a elementos específicos. Es el caso del hidrógeno y el oxígeno, cuyas emisiones
características aparecen en los espectros de cada una de las cuatro
galaxias reproducidos aquí. Las líneas de color naranja corresponden
a las emisiones de los átomos de hidrógeno, mientras que las de color
azul corresponden a los átomos de oxígeno.

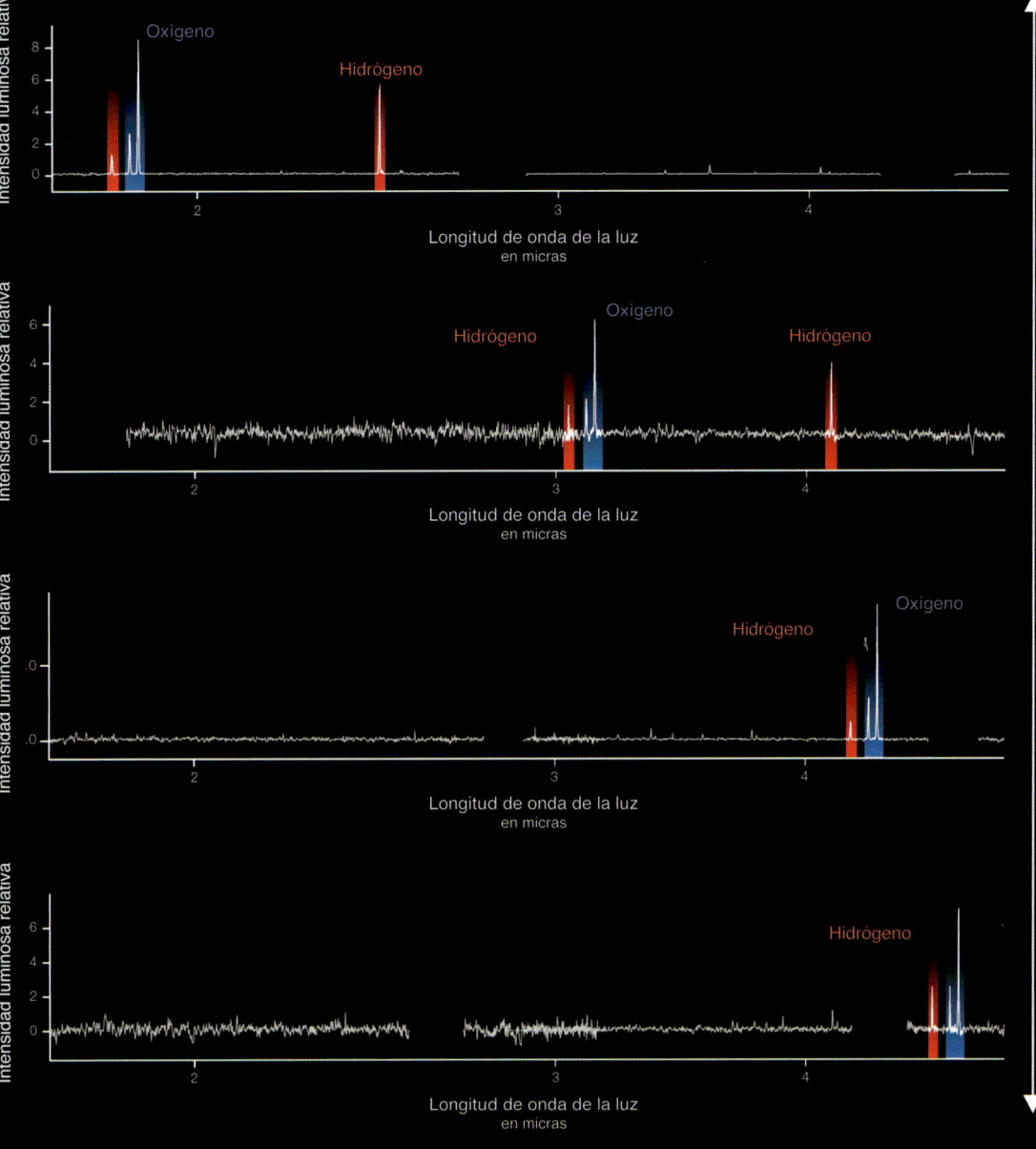

Desde el punto de vista experimental, es evidente en estas imágenes lo que significa un desplazamiento al rojo en un espectro. De una galaxia a otra, las mismas luces, emitidas por átomos idénticos, se desplazan cada vez más hacia la derecha. Su longitud de onda aumenta.

Al medir estos desplazamientos directamente en su espectro, los científicos pueden determinar cuánto tiempo ha viajado cada una de estas luces en el espacio antes de llegar hasta nosotros.

La de abajo, por ejemplo, abandonó su hogar hace 13 100 millones de años.

Hasta 2022, el Hubble ostentaba el récord de haber observado la galaxia más antigua y distante.

He aquí la imagen de la galaxia. Es una superposición de luz visible e infrarrojo cercano que nos la muestra tal como era hace 13 400 millones de años, solo 400 millones de años después del Big Bang.

Aunque la imagen no es muy nítida, se puede distinguir una galaxia que aún no es del todo espiral ni elíptica. Una galaxia en proceso de formación.

Si hubieras estado realmente cerca de ella en ese momento, no te habría parecido roja sino azul, como los millones de estrellas que acababan de nacer allí.

Actualmente, esta galaxia está en el límite de lo que el Hubble puede percibir en el infrarrojo cercano. Se encuentra en la dirección de la Osa Mayor, al igual que el campo profundo norte.

La próxima vez que mires hacia la Osa Mayor (la constelación con forma de carro o de cazo), sabrás que parte de la luz procedente de una galaxia en los confines del tiempo está a punto de terminar su viaje en tu retina.

Antes de que el James Webb empezase a funcionar, solo conocíamos un puñado de galaxias tan antiguas como esta.

En un año, detectó 717.

Incluso descubrió objetos celestes que los científicos no pensaban que pudiesen existir.

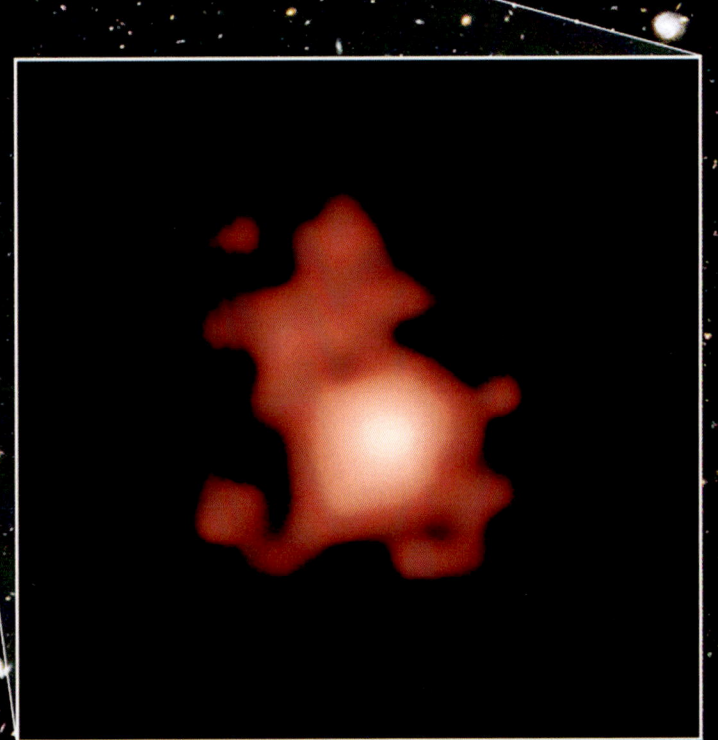

Esta imagen, publicada el 9 de diciembre de 2022, es el segundo campo profundo del telescopio Webb. Esta vez, es la misma región del cielo del hemisferio sur que la del campo ultraprofundo del Hubble, hacia la constelación del Horno.

En ella se encontró una galaxia que es 200 millones de años más antigua que la de la página anterior. Se muestra aquí tal como era hace 13 600 millones de años. Está tan lejos que es casi invisible incluso en esta foto, pero podrás encontrarla porque he puesto una flechita junto a ella. Solo tienes que desplazarte por la imagen para encontrarla. La galaxia se llama JADES-GS-z13-0.

Sin embargo, no es la única galaxia antigua en esta imagen. Otras tres galaxias aparecen aquí tal y como eran hace más de 13 300 millones de años. También las he señalado con flechas, pero la anterior, la más lejana, está indicada con una flecha un poco más larga (las respuestas no están al final del libro).

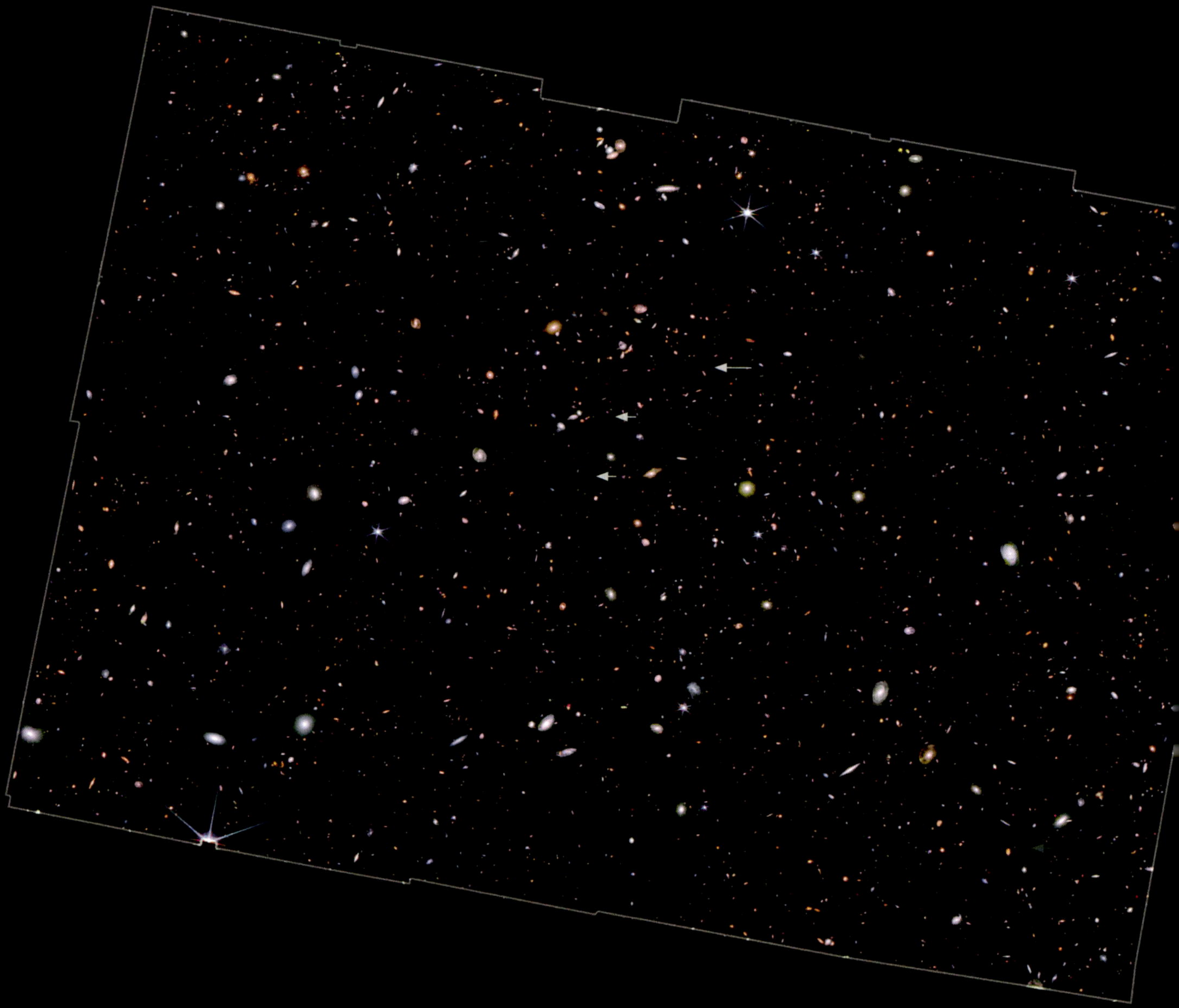

Puede que los campos profundos del telescopio Webb parezcan menos impresionantes que las espectaculares imágenes en color de nebulosas o galaxias aisladas. Pero lo que revelan es absolutamente asombroso. La mayoría de los científicos nunca imaginaron que podrían ver con tanta precisión pasados tan lejanos como los que aparecen aquí.

Las imágenes que ves en esta doble página se publicaron el 6 de julio de 2023. Cada recuadro corresponde a una porción de cielo del tamaño de la cabeza de un alfiler sostenida a la distancia de un brazo extendido. El Webb fijó su espejo en cada una de ellas durante una hora. Quedan algunos huecos porque no lo observó todo, pero ya aparecen más de 100 000 galaxias. Muchas de ellas nunca se habían visto antes.

Aunque tengas que hacerlo con una lupa, no dudes en explorar este panorama en miniatura y descubrir la variedad de formas de estas galaxias. Como es una imagen muy reciente, cabe la posibilidad de que te fijes en una galaxia que nadie haya observado antes que tú.

Entre los objetos más lejanos que contiene esta imagen, ya se han identificado galaxias situadas a una distancia de entre 13 200 y 13 300 millones de años luz, así como al menos tres agujeros negros gigantes en el centro de tres galaxias. Uno de ellos está ahí tal como era hace más de 13 230 millones de años.

Estas imágenes muestran, por tanto, que las primeras galaxias ya estaban ahí unos cientos de millones de años después del Big Bang y que sus agujeros negros eran gigantescos.

Y eso es un problema.

Tal y como las ve el Webb, estas galaxias aparecieron demasiado pronto y sus agujeros negros crecieron demasiado rápido si se compara con las predicciones del modelo estándar. Hablaremos sobre esto más adelante.

DETALLES DEL CAMPO PROFUNDO DEL WEBB

Cuando el Webb detecta luces que proceden de tiempos tan remotos, nadie espera obtener imágenes bonitas y nítidas de las galaxias que podrían encontrarse allí. Sin embargo, no estamos tan lejos de lograrlo.

En esta página se muestran las imágenes y las posiciones de las galaxias y los agujeros negros mencionados en la doble página anterior, junto con sus espectros.

Aislar la luz de estas fuentes es un logro tecnológico asombroso, pero se ha conseguido. Gracias a esto, conocemos la composición de las galaxias primitivas, así como las distancias que nos separan de ellas. De este modo, sabemos cuándo aparecieron y de qué estaban hechas.

CUATRO GALAXIAS EXTREMADAMENTE LEJANAS

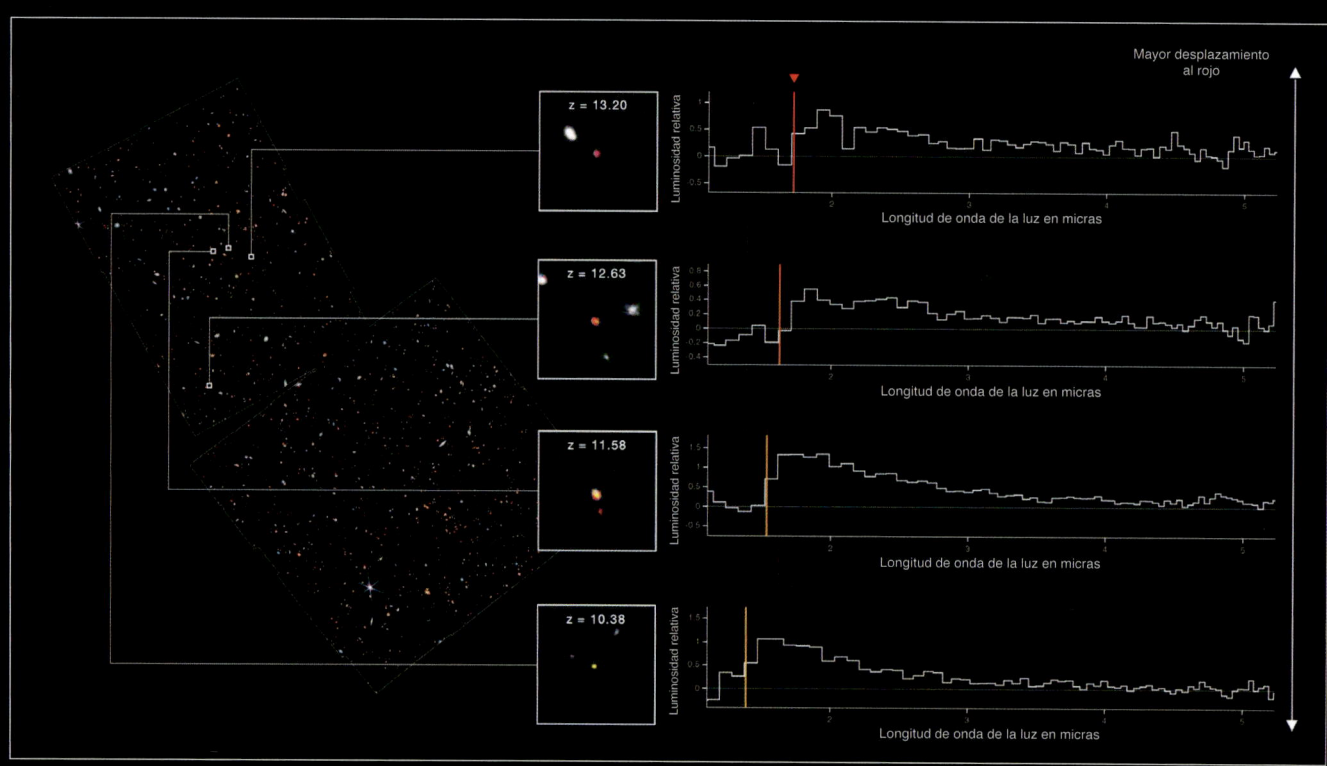

UN AGUJERO NEGRO 570 MILLONES DE AÑOS DESPUÉS DEL BIG BANG

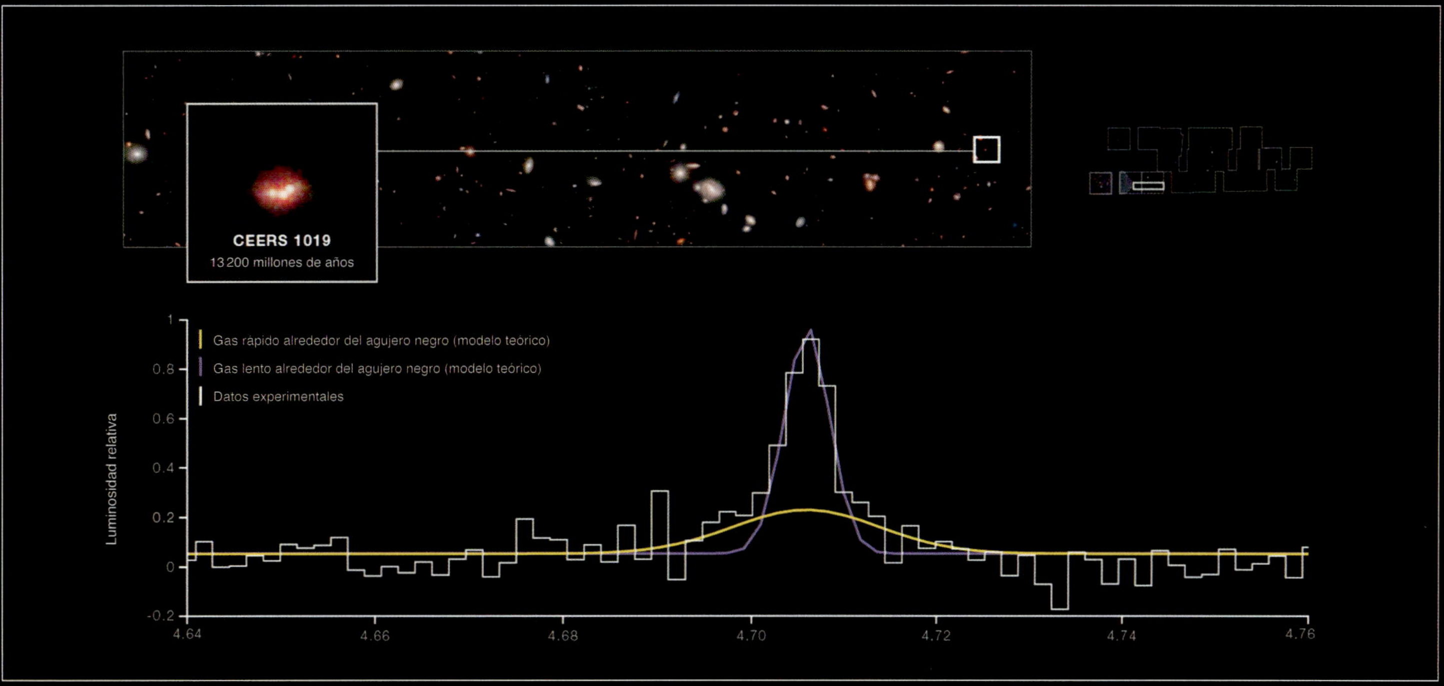

CEERS 1019
13 200 millones de años

Gas rápido alrededor del agujero negro (modelo teórico)
Gas lento alrededor del agujero negro (modelo teórico)
Datos experimentales

Luminosidad relativa

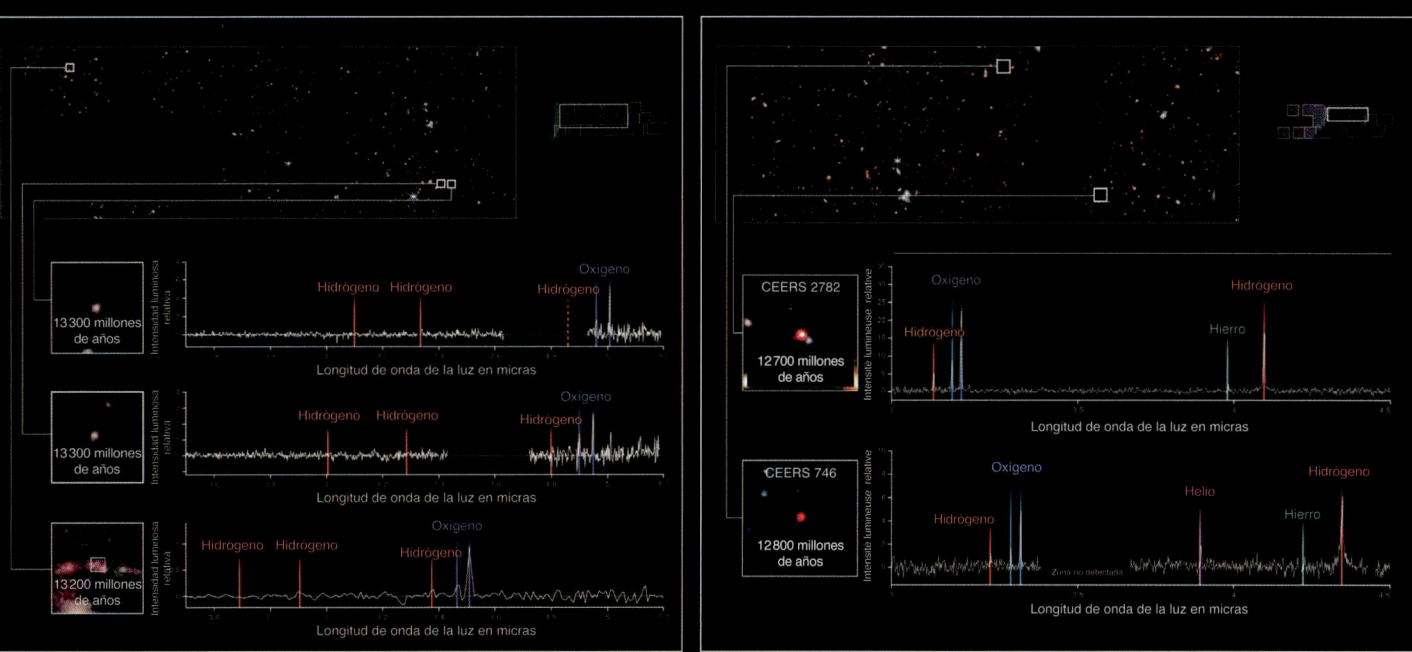

OTRAS TRES GALAXIAS EXTREMADAMENTE LEJANAS

13 300 millones de años

Intensidad luminosa relativa

Hidrógeno Hidrógeno Hidrógeno Oxígeno

Longitud de onda de la luz en micras

13 300 millones de años

Oxígeno

Hidrógeno Hidrógeno Hidrógeno

Longitud de onda de la luz en micras

13 200 millones de años

Hidrógeno Hidrógeno Oxígeno Hidrógeno

Longitud de onda de la luz en micras

DOS AGUJEROS NEGROS IGUALMENTE LEJANOS

CEERS 2782
12 700 millones de años

Oxígeno Hidrógeno

Hidrógeno Hierro

Longitud de onda de la luz en micras

CEERS 746
12 800 millones de años

Oxígeno Helio Hidrógeno

Hidrógeno Zona no detectada Hierro

Longitud de onda de la luz en micras

Para tener una visión global de cómo se ha estructurado el universo a lo largo del tiempo, solo hay que comprender cómo se han unido estas galaxias para formar grupos o cúmulos y luego supercúmulos. Para ello, lo ideal sería poder ver grupos de galaxias en formación.

LA APARICIÓN
DE UN MISTERIO

La imagen contigua fue publicada por el James Webb en abril de 2023. Los cuatro pequeños recuadros muestran siete fuentes de luz infrarroja a una distancia de más de 13 000 millones y 150 millones de años. Aunque este rincón del cielo ya lo habían fotografiado otros telescopios, estas siete galaxias nunca se habían detectado antes. Sin la ayuda de la lente gravitatoria creada por las galaxias blancas de la parte inferior de la imagen, ni siquiera el Webb habría podido verlas.

Al analizar su luz, los científicos descubrieron que sus desplazamientos al rojo son idénticos, lo que significa que todas se encuentran a la misma distancia de nosotros y, por tanto, están próximas entre sí. Es el primer grupo de galaxias en formación que se ha observado, lo que resulta emocionante por dos motivos.

El primero es que su detección parece estar en consonancia, una vez más, con los principales acontecimientos de la historia del universo tal como la imagina el modelo estándar: las galaxias se forman, luego interactúan entre sí para formar grupos que después se unen en supercúmulos, luego en cúmulos de supercúmulos y así sucesivamente.

El segundo motivo es que su detección no es del todo coherente con el modelo estándar, porque estas galaxias son demasiado pequeñas, masivas y luminosas. Al igual que las galaxias y los agujeros negros de las páginas anteriores, galaxias como estas nunca deberían haber tenido tiempo de formarse en una época tan temprana del universo. Sin embargo, podemos verlas. Están ahí.

De modo que algo falta en el modelo. Algo que habría permitido que las galaxias nacieran antes de lo esperado, o que crecieran más rápido de lo previsto, o ambas cosas. Es un misterio. Volveremos sobre esto en unas páginas. Por el momento te invito a seguir explorando el pasado del universo, gracias al James Webb, para ver cómo siguieron formándose las estructuras que conocemos.

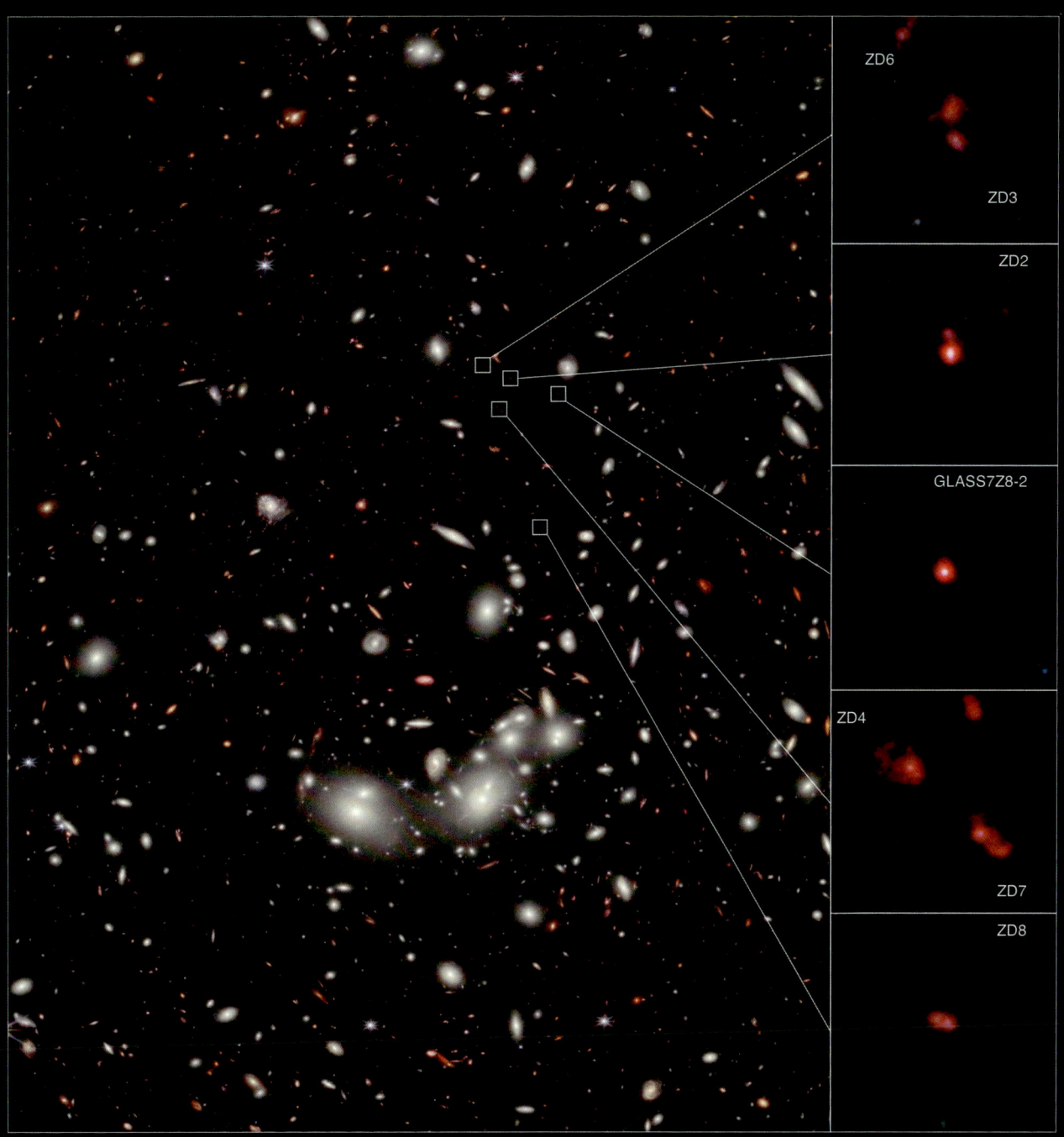

ZD6

ZD3

ZD2

GLASS7Z8-2

ZD4

ZD7

ZD8

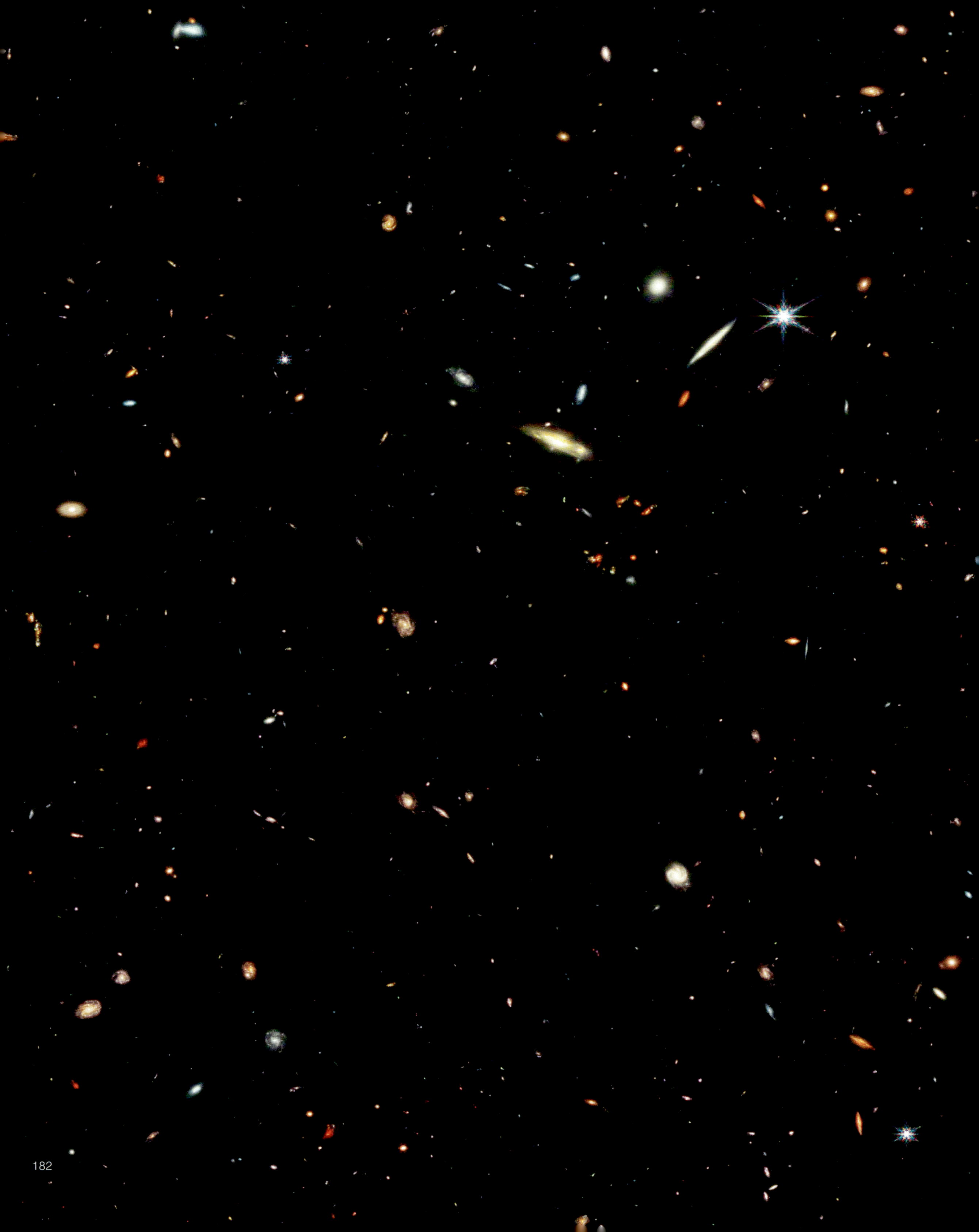

LAS DIEZ PEQUEÑAS GALAXIAS

Otro grupo de galaxias en formación se oculta en esta imagen del James Webb publicada el 29 de junio de 2023. Esta vez, se trata de un grupo de diez galaxias.

Nueve de ellas son difíciles de detectar a simple vista. La décima, en cambio, es un cuásar, una galaxia cuyo gigantesco agujero negro central es tan activo que genera más luz al calentar la materia que le rodea que los miles de millones de estrellas que contiene toda su galaxia. Incluso deslumbra al Webb y crea un patrón de difracción fácil de identificar porque su color no es azul. Te dejo que lo encuentres.

Cuando lo hayas hecho, verás no una, sino tres de las galaxias del cúmulo, porque hay otras dos justo al lado. Son las dos manchitas rojas a su derecha. Una está un poco por encima y la otra ligeramente por debajo.

Las otras siete galaxias de este cúmulo se encuentran en la parte inferior izquierda de la imagen, más o menos alineadas por debajo de la diagonal. También se pueden localizar, pero no es fácil, así que aquí tienes algunas pistas: tienen el mismo color rojo, son más o menos del mismo tamaño que las dos galaxias que se encuentran cerca del cuásar, y todo el cúmulo se extiende a lo largo de unos 3 millones de años luz, mientras que la diagonal de la imagen tiene 5 millones de años luz. Para comprobar de que las has identificado correctamente, sus ubicaciones se indican al final del libro.

Estas diez galaxias aparecen aquí tal como eran hace unos 13 000 millones de años, es decir, 800 millones de años después del Big Bang. Al igual que las de la página anterior, forman uno de los primeros grupos de galaxias conocidos.

CUÁSAR J0305-3150

EL BIEN LLAMADO CÚMULO DE PANDORA...

Las galaxias amarillas y globulares de esta imagen forman el cúmulo Abell 2744, conocido por los astrónomos como el cúmulo de Pandora. Este cúmulo intriga a los científicos porque no solo hay cuatro grupos de galaxias que han estado chocando entre sí desde hace 350 millones de años, sino que además forman una gigantesca lente gravitacional.

En esta imagen se superponen dos fotografías. La primera es del Hubble, que enfocó la zona central e incluye el cúmulo de Pandora. La segunda es del telescopio VLT del Observatorio Europeo Austral, que tiene un ángulo de visión mucho mayor, pero capta menos detalles.

... Y SU AGUJERO NEGRO, QUE NO DEBERÍA EXISTIR

El cúmulo de Pandora fue revisitado por el telescopio Webb para obtener esta imagen, publicada el 15 de febrero de 2023 (es la misma imagen que en la página 181, pero más grande).

Al compararla con la imagen del Hubble/VLT, podrás apreciar una vez más la extraordinaria potencia del Webb. El número de galaxias que se puede ver es colosal. Hay más de 50 000. La mayoría de ellas eran invisibles hasta ahora.

Un pequeño punto aparentemente insignificante llamó la atención de los investigadores. El Hubble no pudo verlo, pero aparece en la imagen del Webb. Está extremadamente lejos y solo puede detectarse gracias al efecto de lente gravitacional que transforma aquí a muchas galaxias en arcos. Hasta ahora, nada excepcional, excepto que el punto en cuestión es un punto y no un arco. Y eso es inusual. Para seguir siendo puntual a pesar de la distorsión provocada por la lente, la fuente de esta luz debe ser extraordinariamente compacta y

tan violentamente luminosa que por ahora los científicos solo tienen una opción para explicar su naturaleza: un agujero negro absolutamente gigantesco que está calentando o despedazando cualquier cosa que se le acerque demasiado.

Es el mismo misterio del que venimos hablando desde hace unas páginas y que vuelve aquí con fuerza: según el modelo estándar, no es posible que ya existiera un agujero negro tan grande tan poco tiempo después del Big Bang. Una vez más, es imposible. Y de nuevo, no se trata de un caso aislado: el Webb ha detectado otro más, que descubrirás al pasar la página. Pero antes te propongo que encuentres el agujero negro que no puede existir y que, sin embargo, está aquí, en esta página. Está indicado por una pequeña flecha medio transparente. Te deseo buena suerte para encontrarlo, porque la verdad es que no es una flecha muy grande (la respuesta no está al final del libro).

UN TERCER AGUJERO NEGRO IMPOSIBLE

Esta imagen del Webb se publicó el 12 de junio de 2023. Si la observas detenidamente, verás que todos los patrones de difracción son azules, excepto uno que es rojo (como el que tenías que encontrar en la página 182). Está justo a la derecha del centro de la imagen. De nuevo se trata de un cuásar, con un agujero negro central cuya masa se estima en unos 10 000 millones de veces la masa del Sol. Se encuentra a unos 12 900 millones de años luz de nosotros. Cómo pudo alcanzar semejante tamaño tan rápidamente es, una vez más, incomprensible: para ello, habría tenido que engullir más de 10 soles al año desde que existe el universo...

Sin embargo, a pesar de que sigue siendo un misterio, el cuásar está ahí y un equipo de investigadores ha aprovechado su luz ultrapotente para determinar qué sucedió, no solo a su alrededor sino también entre él y nosotros.

Así se descubrió cómo se disipó el hidrógeno que llenaba nuestro joven universo, cuando pasó de ser opaco a transparente.

LA RESOLUCIÓN DE DOS MISTERIOS

Cómo se disipó la niebla

Hace 13 800 millones de años, cuando el universo alcanzó una temperatura de 2700 °C, la luz pudo por fin viajar libremente, ya que los electrones que lo habían impedido hasta entonces quedaron atrapados en el interior de los átomos de hidrógeno (se habló de ello en la página 165). Pero, en lugar de darnos el universo transparente que conocemos hoy, estos átomos de hidrógeno crearon una niebla que estaba presente en todas partes, una niebla universal.

Algunos lugares que eran un poco más densos que otros atrajeron hacia ellos átomos de hidrógeno cercanos y crearon nubes de materia cada vez más grandes y calientes, dentro de las cuales nacieron las primeras estrellas.

Primitivas y masivas, estas estrellas estaban compuestas casi exclusivamente de hidrógeno, que transformaron a lo largo de su corta vida en átomos más pesados. Una vez agotado su combustible, murieron en explosiones gigantescas.

Al analizar la luz del cuásar de la página anterior, los investigadores pudieron determinar que fue el estallido de luz de estas estrellas lo que volvió transparente la niebla cósmica.

De estrella en estrella primero y luego de galaxia en galaxia, estas estrellas crearon burbujas de espacio transparente que, al expandirse, se fueron uniendo poco a poco entre sí hasta hacer transparente todo el universo.

Desde entonces, y solo desde entonces, podemos observar el espacio como lo hacemos hoy. Si las estrellas no hubieran aclarado el universo, no veríamos el espacio, ni el cercano ni el lejano, y nos habríamos perdido casi todo. En particular, el otro misterio, el que te ha estado persiguiendo durante las últimas páginas: el que dice que las primeras estrellas, al igual que los primeros agujeros negros y las primeras galaxias, crecieron demasiado pronto y demasiado rápido para haberlo hecho sin ayuda.

El descubrimiento de la materia oscura

En los años setenta, la astrónoma estadounidense Vera Rubin se interesó por la velocidad de las estrellas dentro de las galaxias y logró demostrar, simplemente analizando sus trayectorias, que el universo no estaba compuesto tan solo por la materia que conocemos en la Tierra. Debía existir otro tipo de materia, desconocida, a la que hemos llamado *materia oscura*, pero quizás hubiera sido mejor llamarla *materia invisible*, ya que, al no interactuar con la luz, no es oscura, sino invisible.

De ahí que ninguno de nuestros telescopios pueda verla directamente, ni siquiera el Webb. A partir de los resultados de Rubin, muchos investigadores han demostrado que debería haber cinco veces más materia oscura que toda la materia conocida: por cada planeta y estrella que vemos, debería existir el equivalente en materia invisible, oscura, de cinco de esos planetas y cinco de esas estrellas. No tenemos ni idea de lo que es, pero sabemos que está ahí, que nos rodea, que envuelve nuestra galaxia y todas las demás. Sin ella, las galaxias se dispersarían como canicas en un tocadiscos.

Las imágenes del Webb que acabas de ver confirman que, por misteriosa que sea, esta materia oscura ya estaba presente hace 13 800 millones de años. Fue el principal motor de la evolución inicial de las estructuras del universo. Fue la que aceleró la formación de estrellas, galaxias y agujeros negros.

El misterio, por tanto, ya no es cómo pudo el universo hacer evolucionar tan rápido todos los objetos que contiene, sino comprender el origen y la naturaleza de esta extraña materia invisible.

En los próximos años, el telescopio Webb podría ayudarnos a responder esta pregunta. Además, contará con las observaciones del satélite Euclid, enviado al espacio el 1 de julio de 2023 por la Agencia Espacial Europea, cuya misión es precisamente ayudarnos a entender mejor las fuerzas que intervienen en la evolución del universo.

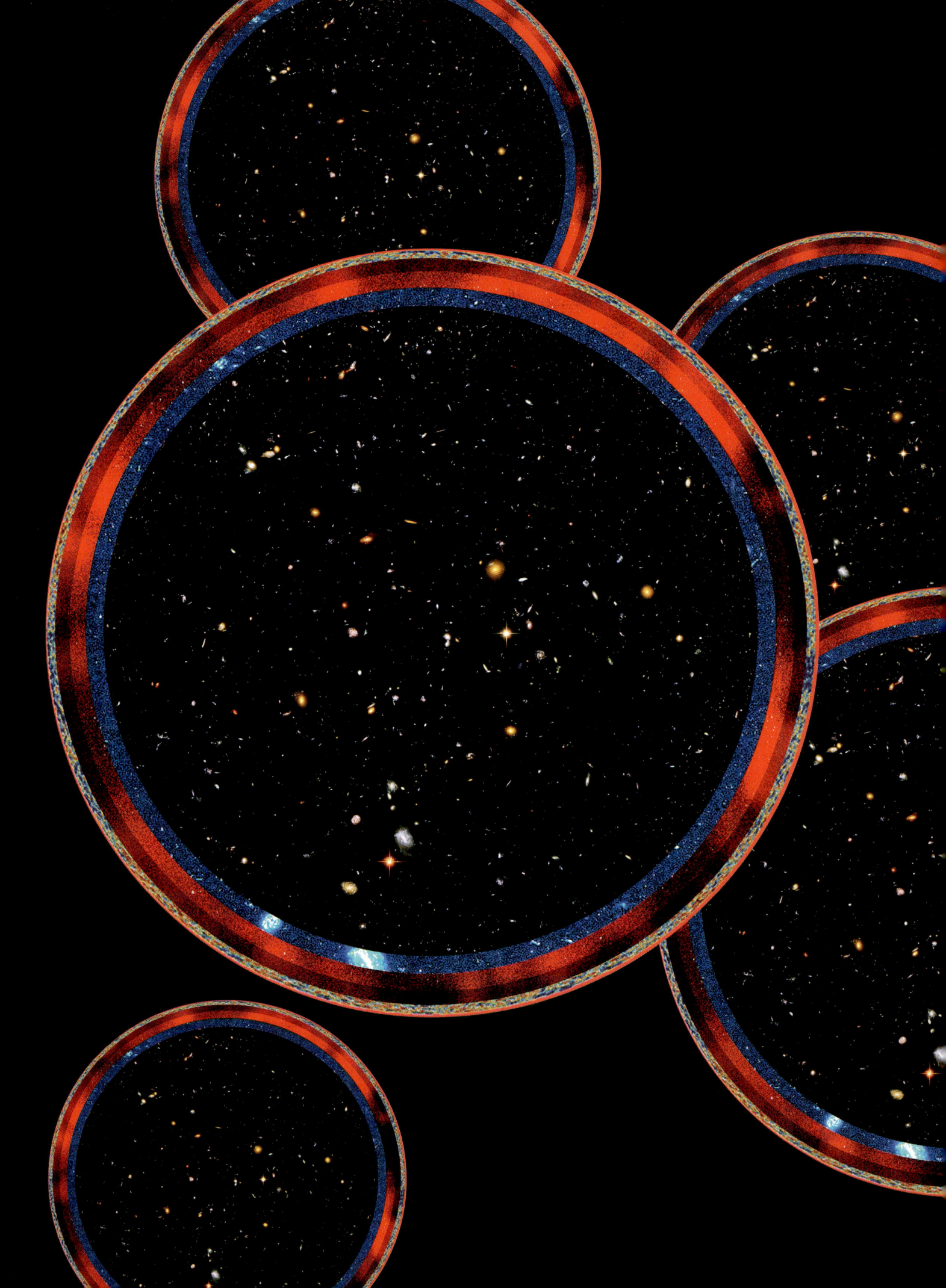

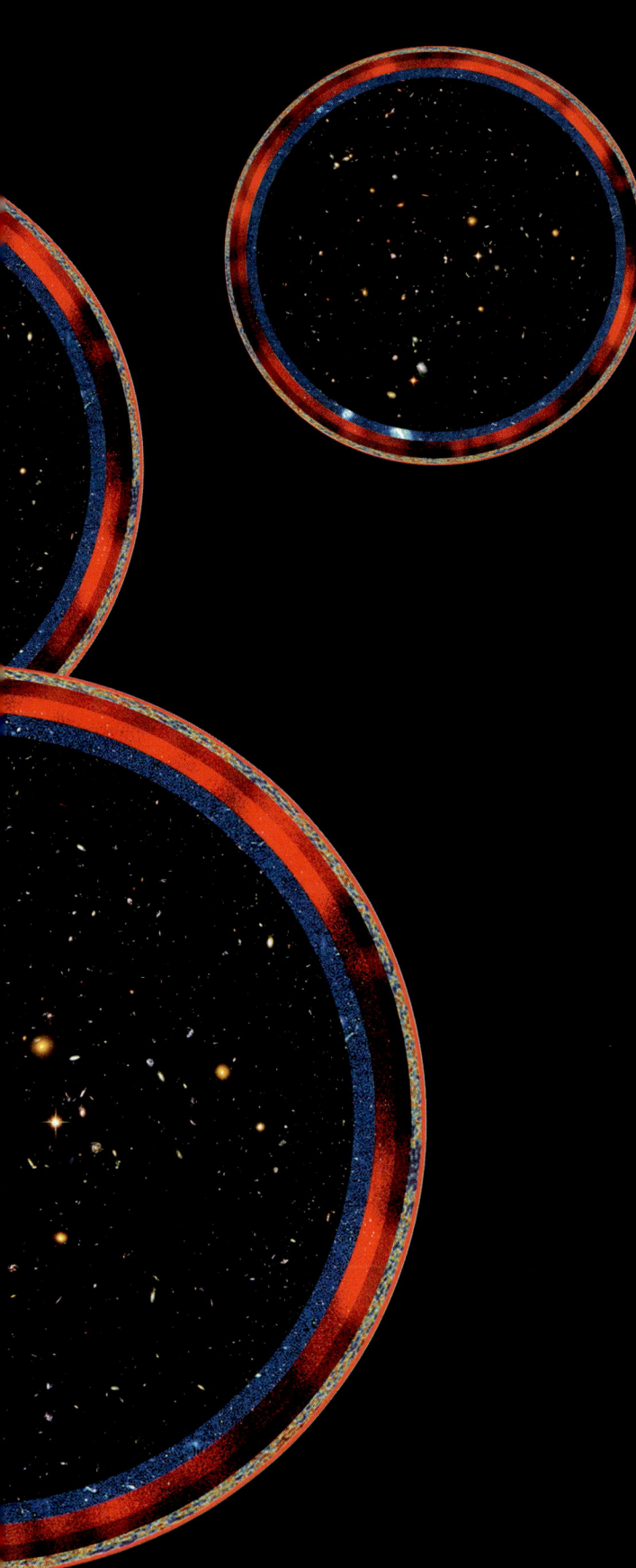

MÁS ALLÁ DE LO OBSERVABLE

Hasta ahora has recorrido el cosmos que conocemos hoy.

Has visto que el Big Bang, ese instante en el pasado del cual emergieron el espacio y el tiempo, está oculto tras un muro opaco a la luz, un muro que se extiende en las profundidades de la noche y del que el satélite Planck nos ha mostrado una fotografía en microondas. Este muro es el límite de lo que podemos ver utilizando la luz. Toda la luz.

Todos los telescopios que hemos construido y dejado en la Tierra o enviado al espacio, antes o después del Planck, se han creado para ver cómo ha evolucionado el universo a partir de este muro. No se puede ver nada anterior.

Desde julio de 2022, el telescopio Webb nos ha permitido ver lo que sucede unos millones de años después, lo que ha llevado a confirmar que las primeras estrellas y galaxias se formaron con la ayuda de una misteriosa materia invisible, o materia oscura, que sigue ahí, a nuestro alrededor, y que mantiene nuestra realidad en su lugar. Las imágenes del Webb nos han mostrado cómo se disipó el polvo de hidrógeno que llenaba el universo y cómo, al interactuar con sus vecinas, aparecieron galaxias como la Vía Láctea, que luego se convirtieron en lo que son hoy.

Aún no podemos saber qué nuevos descubrimientos nos ofrecerán nuestros telescopios en las próximas semanas, meses o años, pero lo cierto es que avanzamos ya hacia una nueva visión del universo. Una visión que, sin duda, revolucionará todo lo que creemos saber.

¿Podría ser, por ejemplo, que existan otras realidades? ¿Podremos comprobar algún día si el Big Bang dio realmente origen al espacio y al tiempo, y descubrir lo que le precedió? ¿Es posible que el universo sea mucho más grande de lo que podemos ver?

La imagen que tenemos hoy del universo nos sitúa en el centro de una burbuja de espacio y tiempo que hemos llamado universo observable. Pero el principio cosmológico nos dice que no debería existir un lugar privilegiado en el universo y, por consiguiente, que cualquier otro punto del mismo, contenga o no otras formas de vida, debería estar también en el centro de su propio universo observable.

Entonces debería haber tantos universos burbuja como puntos en el espacio y el tiempo. Nuestro universo observable, con todos los pasados que contiene, sería entonces solo una historia del universo entre innumerables historias del universo, quizá todas similares, quizá todas diferentes. Incluso podría haber muchas realidades, lo que cambiaría una vez más el tamaño de lo que existe.

Te dejo que reflexiones sobre esta idea todo el tiempo que quieras, y cuando te sientas preparado, puedes pasar la página y lanzarte a explorar nuestra galaxia, la Vía Láctea, para buscar el origen y la evolución no ya de todo el universo, sino de las estrellas y los planetas, del Sol y de la Tierra.

LA VÍA LÁCTEA

ORIENTARSE EN NUESTRA GALAXIA

Explorar la Vía Láctea es a la vez más fácil y más difícil que explorar el resto del universo. Más fácil, porque estamos dentro de ella, por lo que todo está mucho más cerca. También es más difícil porque, al estar dentro, las gigantescas nebulosas de gas y polvo que contiene a menudo bloquean nuestra visión.

Pero son precisamente estas nebulosas las que te interesarán a partir de ahora, ya que están íntimamente ligadas a la historia de los mundos y de las estrellas.

La Vía Láctea es una galaxia con un pasado tumultuoso.

Los científicos estiman que a lo largo de su existencia ha engullido hasta otras quince galaxias.

Los arcos, llamados *corrientes*, de la pequeña imagen de la parte inferior izquierda de la página siguiente son lo que queda hoy de algunas de ellas: filamentos alargados de estrellas que orbitan alrededor de nuestra galaxia.

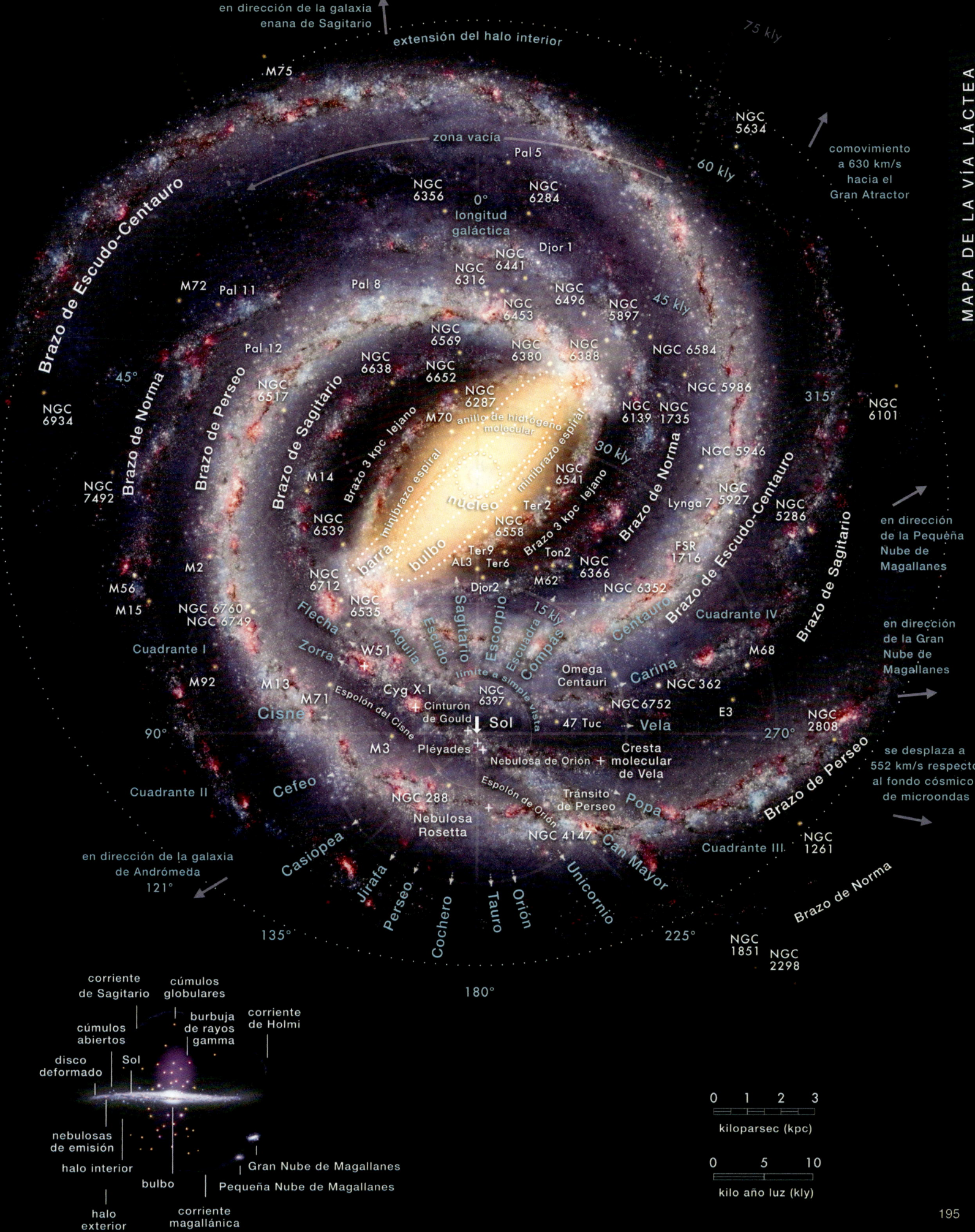

en dirección de la galaxia enana de Sagitario

extensión del halo interior

75 kly

M75

zona vacía

Pal 5

NGC 5634

comovimiento a 630 km/s hacia el Gran Atractor

60 kly

NGC 6356

NGC 6284

0° longitud galáctica

NGC 6441

Djor 1

Brazo de Escudo-Centauro

M72 Pal 11

Pal 8

NGC 6316

NGC 6496

NGC 5897

45 kly

Pal 12

NGC 6453

NGC 6569

NGC 6380

NGC 6388

NGC 6584

45°

NGC 6517

NGC 6638

NGC 6652

NGC 5986

315°

Brazo de Norma

Brazo de Perseo

Brazo de Sagitario

NGC 6287

M70

anillo de hidrógeno molecular

NGC 6139

NGC 1735

NGC 6101

NGC 6934

Brazo 3 kpc lejano

minibrazo espiral

30 kly

Brazo de Norma

NGC 5946

NGC 7492

M14

minibrazo espiral

NGC 6541

Ter 2

NGC 5927

Lynga 7

NGC 5286

NGC 6539

minibrazo espiral

núcleo

Brazo 3 kpc lejano

Brazo de Escudo-Centauro

Brazo de Sagitario

M2

barra

bulbo

Ter9

AL3

Teró

NGC 6558

Ton2

NGC 6366

FSR 1716

M56

NGC 6712

Djor2

M62

NGC 6352

15 kly

M15

NGC 6760

NGC 6749

NGC 6535

Flecha

Zorra

Sagitario

Escudo

Águila

Escorpio

Escuadra

Compás

Centauro

Cuadrante IV

M68

Cuadrante I

W51

límite a simple vista

Omega Centauri

Carina

M92

M13

M71

Cyg X-1

Cinturón de Gould

NGC 6397

47 Tuc

NGC 362

E3

NGC 2808

Cisne

Espolón del Cisne

Sol

Vela

270°

90°

M3

Pléyades

Nebulosa de Orión

Cresta molecular de Vela

Brazo de Perseo

se desplaza a 552 km/s respecto al fondo cósmico de microondas

Cuadrante II

Cefeo

NGC 288

Espolón de Orión

Tránsito de Perseo

Popa

NGC 1261

Nebulosa Rosetta

NGC 4147

Can Mayor

Cuadrante III

NGC 1851

en dirección de la galaxia de Andrómeda

121°

Casiopea

Jirafa

Perseo

Cochero

Tauro

Orión

Unicornio

225°

NGC 2298

135°

180°

corriente de Sagitario

cúmulos globulares

cúmulos abiertos

burbuja de rayos gamma

corriente de Holmi

disco deformado

Sol

nebulosas de emisión

Gran Nube de Magallanes

halo interior

bulbo

Pequeña Nube de Magallanes

halo exterior

corriente magallánica

0 1 2 3
kiloparsec (kpc)

0 5 10
kilo año luz (kly)

en dirección de la Pequeña Nube de Magallanes

en dirección de la Gran Nube de Magallanes

195

EL DESTINO DE LAS ESTRELLAS

La estrella más antigua conocida brilla desde hace aproximadamente 13 700 millones de años. Está en la Vía Láctea y se la ha bautizado con el nombre de Matusalén. Nació cuando el universo aún estaba inmerso en la densa niebla de átomos de hidrógeno que llenaba su infancia, una niebla que las propias estrellas dispersaron más tarde. Matusalén ha vivido todo eso. Ha conocido toda la historia del cosmos. Incluso vio nacer al Sol y la Tierra, unos 9000 millones de años después que ella, en un universo que ya se había vuelto transparente.

La principal diferencia entre un planeta y una estrella es que una estrella brilla por sí misma, mientras que un planeta no puede hacerlo. Por definición, una estrella es un objeto lo suficientemente masivo como para que la presión que ejerce sobre su propio núcleo fuerce a los núcleos de hidrógeno que lo componen a unirse y fusionarse. Es lo que se conoce como *reacción de fusión termonuclear*. Esta reacción genera energía en el interior de las estrellas y es lo que las hace brillar. Los planetas, en cambio, no tienen masa suficiente para fusionar nada. No brillan por sí mismos.

Fue el trabajo de Arthur Eddington (el hombre del eclipse de la página 145) el que nos permitió comprender el funcionamiento interno de las estrellas, mientras que el de Subrahmanyan Chandrasekhar nos permitió deducir sus destinos, por lo que fue galardonado con el Premio Nobel de Física en 1983. El satélite Chandra, que observa el universo en rayos X, lleva su nombre.

Cuanto más masa tiene una estrella, mayor es la presión que ejerce sobre su núcleo y más rápido fusionará sus átomos de hidrógeno. Las estrellas más masivas agotan sus reservas en unos pocos millones de años. Entonces se convierten en *supernova*, una explosión que dura solo unos días, pero que ilumina el universo con la intensidad de miles de

millones de soles. Es en estas explosiones donde se forjan los elementos más pesados que el hierro, como el oro, por ejemplo, a partir de átomos más pequeños. En los restos de supernovas se pueden encontrar los objetos más extremos que existen: las estrellas de neutrones o los agujeros negros.

Las estrellas más pequeñas forjan sus átomos sin prisa y se apagan sin artificios. Como la presión que ejercen sobre sus núcleos es mucho menor, pueden fusionar sus átomos de hidrógeno durante cientos de miles de millones de años antes de agotar sus reservas. Se las conoce como *enanas rojas*. La mayoría de las estrellas de la Vía Láctea son enanas rojas.

El Sol, por otro lado, es una estrella de tamaño intermedio, pero es definitivamente una estrella. Cada segundo fusiona aproximadamente 600 millones de toneladas de átomos de hidrógeno en su núcleo, que se transforman en helio. Se calcula que con sus reservas iniciales tiene una esperanza de vida estimada de unos diez mil millones de años. Actualmente tiene cinco mil millones de años. Está a la mitad de su vida y en plena forma.

A diferencia de estrellas como Matusalén, el Sol no es una estrella primitiva, no es una estrella de las denominadas *de primera generación*. Si lo fuera, estaría compuesta únicamente por átomos de hidrógeno y el helio que forja, pero no es el caso. Como pudiste ver en su espectro (p. 16), incluso su superficie contiene muchos otros átomos más pesados, algunos de los cuales solo pudieron formarse debido a la muerte de estrellas gigantescas.

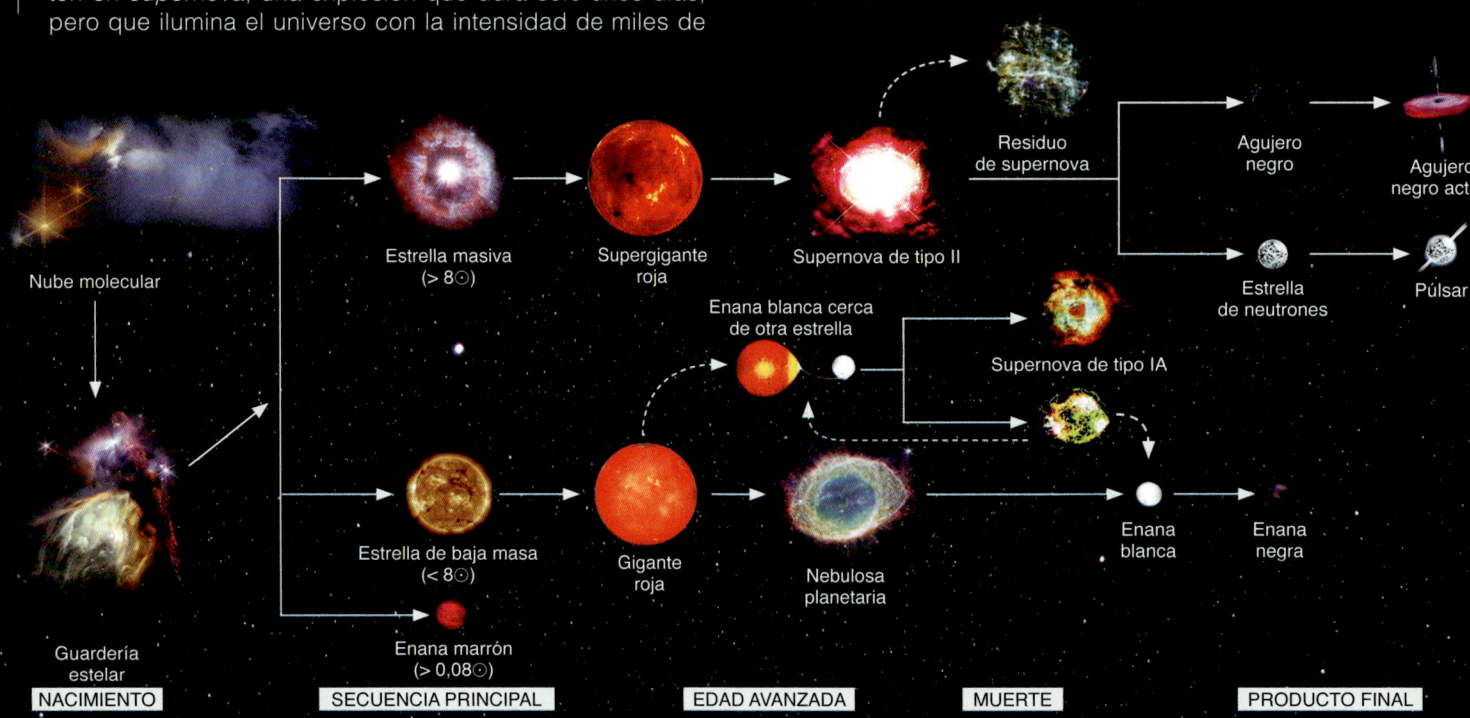

Nube molecular

Estrella masiva (> 8☉) → Supergigante roja → Supernova de tipo II → Residuo de supernova

Agujero negro → Agujero negro activo

Estrella de neutrones → Púlsar

Enana blanca cerca de otra estrella → Supernova de tipo IA

Estrella de baja masa (< 8☉) → Gigante roja → Nebulosa planetaria → Enana blanca → Enana negra

Guardería estelar

Enana marrón (> 0,08☉)

NACIMIENTO — SECUENCIA PRINCIPAL — EDAD AVANZADA — MUERTE — PRODUCTO FINAL

☉ significa 'masas solares'

CICLO DE VIDA DE LAS ESTRELLAS

Para comprender el origen del Sol y, por ende, el de la Tierra, tenemos que estudiar el polvo estelar y saber cómo llegaron hasta nosotros todos estos átomos.

Las fotografías de esta página son de una *nebulosa planetaria*.

Las nebulosas planetarias son nubes de polvo eyectadas por las estrellas. Suelen tener formas geométricas bastante redondeadas, lo que llevó a nuestros antepasados a pensar que eran planetas. Hoy sabemos que en realidad no tienen nada que ver con los planetas, pero se siguen llamando *planetarias*.

Esta en particular se conoce como Anillo del Sur (NGC 3132). Se encuentra a 2000 años luz de la Tierra. La imagen superior la tomó el Hubble, mientras que las dos inferiores son del Webb. En la de la derecha se puede ver que en el centro de la nebulosa no hay una sino dos estrellas, lo que explica la forma del resto de la nube: mientras ambas estrellas orbitan una alrededor de la otra, la superficie de la más pequeña de las dos, desgarrada por la poderosa gravedad de la otra, es expulsada lejos hacia afuera y crea los sucesivos anillos de materia que vemos alejándose del dúo.

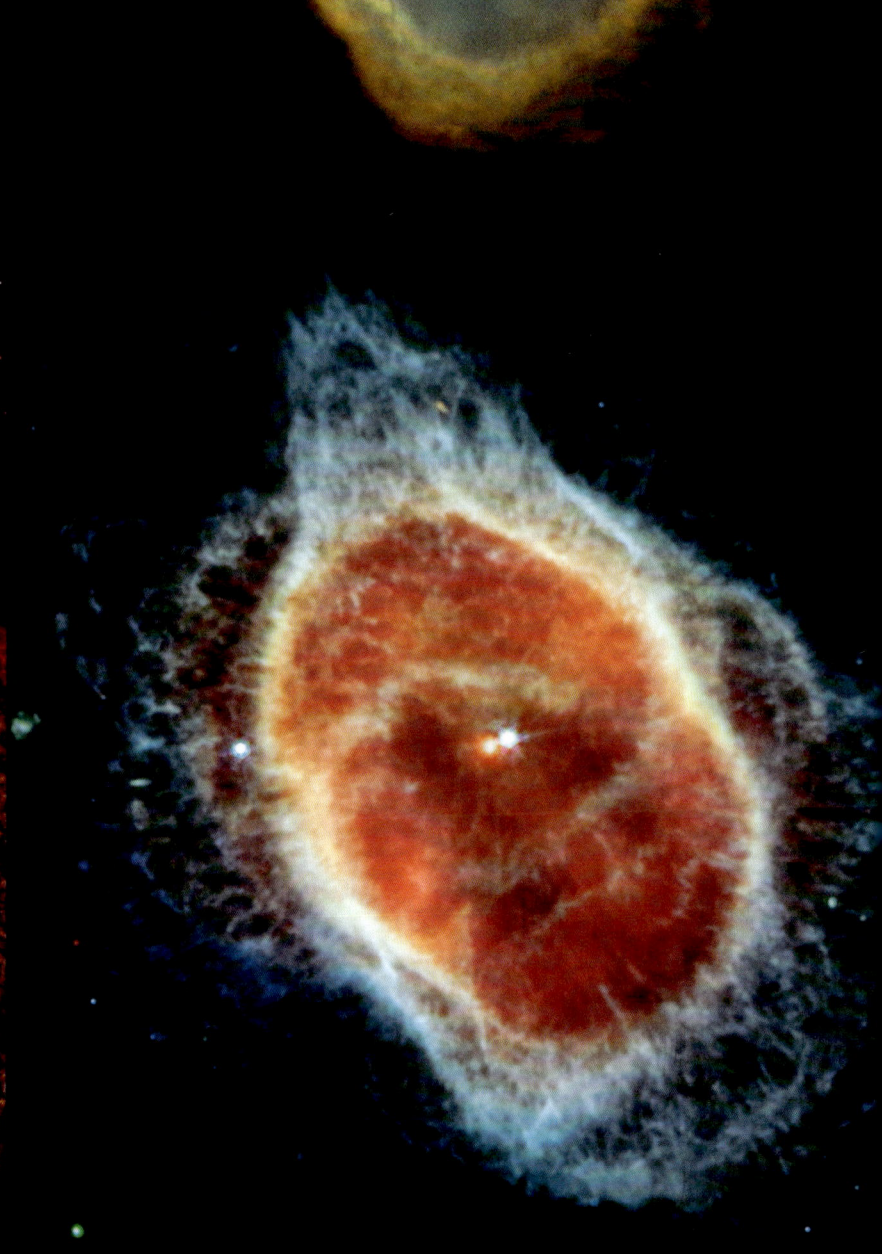

197

EL ORIGEN DEL POLVO

Hace unas decenas de miles de años, había una estrella en lugar de la nebulosa planetaria conocida como el Anillo, de la que se muestran dos imágenes: una del Webb, en infrarrojo, publicada el 29 de agosto de 2023 (en esta página) y otra del Hubble, en visible, publicada el 23 de mayo de 2013 (a la derecha).

Era una gigante roja.

Al final de su vida, las gigantes rojas expulsan su superficie en explosiones sucesivas y crean espectaculares nubes circulares que luego ilumina el núcleo de la estrella moribunda. El destino del Sol es convertirse en una gigante roja y luego dar lugar a una nebulosa como esta. Eso ocurrirá dentro de unos 5000 millones de años.

Situada a una distancia de 2200 años luz de la Tierra, la nebulosa del Anillo es una de las más conocidas del cielo. Se puede observar con prismáticos desde casi cualquier lugar de la Tierra, pero nadie la había visto nunca con los detalles que revela aquí el Webb.

Por ejemplo, tiene esa especie de púas en el exterior que hacen que parezca un erizo de mar. Hasta ahora eran casi imposibles de distinguir, incluso con el Hubble. Se deben a la luz que emiten unas moléculas que se han agrupado allí por una razón que los científicos acaban de comprender: están protegidas de la radiación de la estrella moribunda, a la sombra de pequeñas nubes del anillo. Si te fijas bien, también podrás distinguir estas pequeñas nubes. Parecen grumos. Están formadas por hidrógeno molecular. En esta imagen hay más de veinte mil.

El análisis espectral del Anillo también nos ha mostrado la presencia de moléculas que, en la Tierra, se consideran contaminantes, pero que resultan intrigantes allí arriba porque no esperábamos encontrarlas. Son moléculas que contienen carbono, denominadas *hidrocarburos aromáticos policíclicos*.

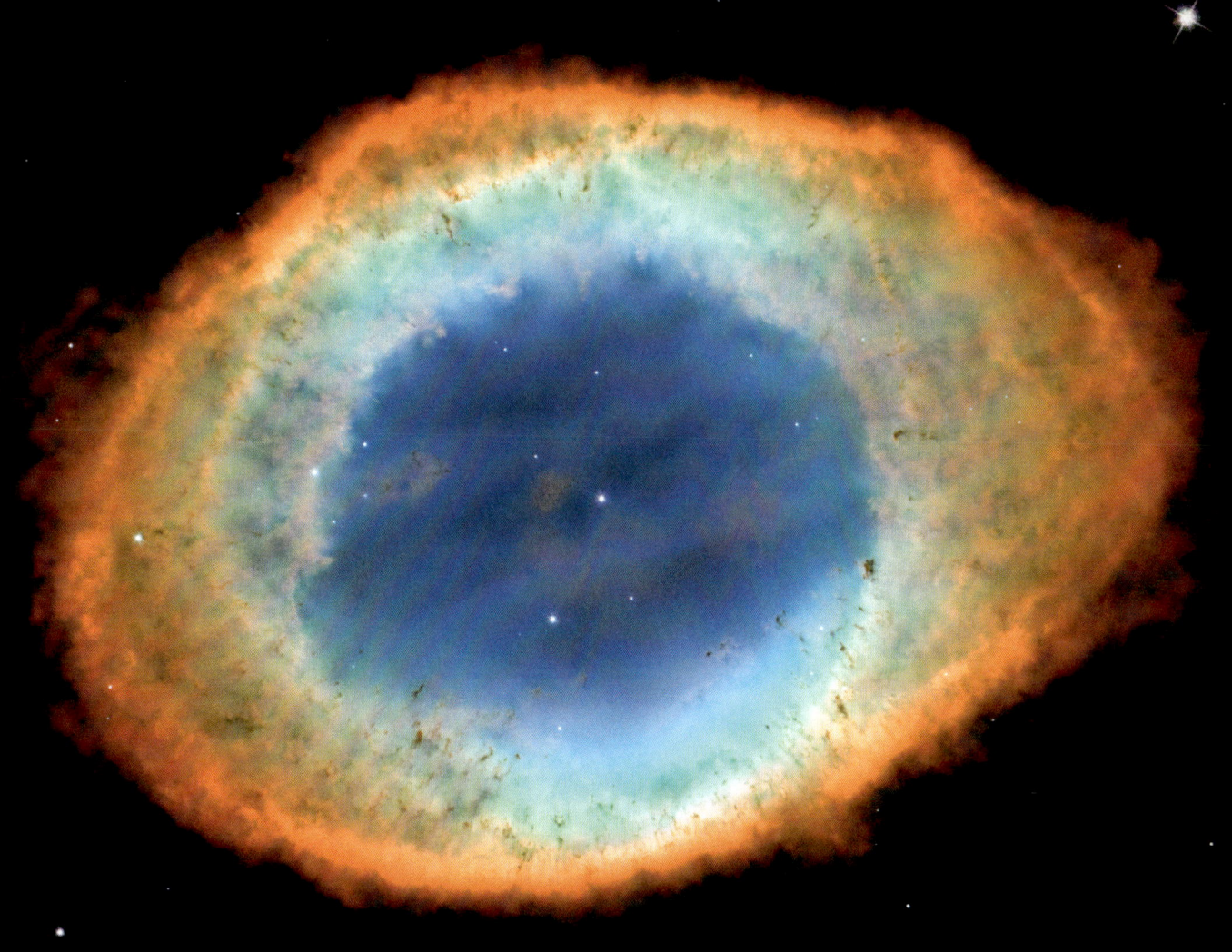

En el universo, únicamente las estrellas son capaces de fusionar átomos pequeños para formar otros más grandes. Cuando los científicos buscaban la fuente principal del polvo que pudo haber dado origen a mundos como el nuestro, dirigieron naturalmente su atención hacia esas estrellas inmensas que, al final de su vida, se convierten en supernovas, explotan y arrojan al espacio los átomos que han forjado durante su vida.

La idea, bastante atractiva, era que estas estrellas capaces de fabricar los átomos más grandes los esparcían al morir, como quien siembra semillas al viento destinadas a convertirse en polvo, luego en rocas, después nuevamente en estrellas y planetas. Sin embargo, nadie había logrado realmente demostrar esta idea. Para eso habría sido necesario encontrar muchos restos de supernovas lo bastante cerca de nosotros como para poder analizarlos con nuestros telescopios. Hasta el año 2023, solo existía una supernova cerca. Era SN 1987A, cuyo espectacular anillo rosa sobrevolaste en la Gran Nube de Magallanes al comienzo de tu viaje (p. 43).

La situación cambió el 5 de julio de 2023, cuando el telescopio Webb publicó una imagen de otras dos supernovas, situadas a 22 millones de años luz de nosotros, dentro de una galaxia conocida como NGC 6946. El análisis de sus restos ha mostrado que cada una de estas explosiones dispersó en el espacio una cantidad de polvo absolutamente fabulosa. Solo con el polvo de una de ellas hay suficiente para fabricar más de 5000 Tierras.

En la actualidad, las regiones de formación estelar que salpican las galaxias ya no están compuestas solo de hidrógeno, porque se han enriquecido con átomos creados en estrellas ya desaparecidas. Por eso encontramos átomos pesados en estrellas como el Sol y en planetas como la Tierra: estas estrellas y planetas nacieron en parte a partir del polvo de estrellas.

Con esto en mente, ahora te diriges hacia otras guarderías estelares, todas más cerca de ti que la distancia que hay entre cada una de ellas con respecto a otra guardería, con la esperanza de poder observar el nacimiento de una estrella o un planeta.

Esta es la nebulosa Carina, una gigantesca nebulosa descubierta por el francés Nicolas-Louis de Lacaille en 1752. Se llama así no porque forme parte de la galaxia enana de Carina (la nebulosa pertenece a la Vía Láctea), sino porque están orientadas en la misma dirección en el cielo.

Esta nebulosa está compuesta principalmente por pequeños átomos de hidrógeno y helio, así como por metales procedentes de las explosiones de miles de estrellas ya desaparecidas. Esta imagen se tomó en 2007 desde el desierto de Kalahari, en Namibia. Ahora te acercarás a su centro, primero con un pequeño zum, que encontrarás al pasar la página y después con otro más potente, que te espera en la página siguiente.

Esta imagen y la de la página anterior fueron tomadas por el Hubble.

Es el núcleo de la nebulosa Carina.

Los científicos creen que este lugar es similar al que, hace 5000 millones de años, dio origen al Sol, a la Tierra y a todas las demás estrellas de nuestro vecindario cósmico.

NEBULOSA CARINA (NGC 3372)

Para explorarlo tranquilamente, a tu ritmo, te propongo que intentes encontrar en la imagen los cuatro detalles que aparecen en la parte inferior de esta doble página (las respuestas están al final del libro).

205

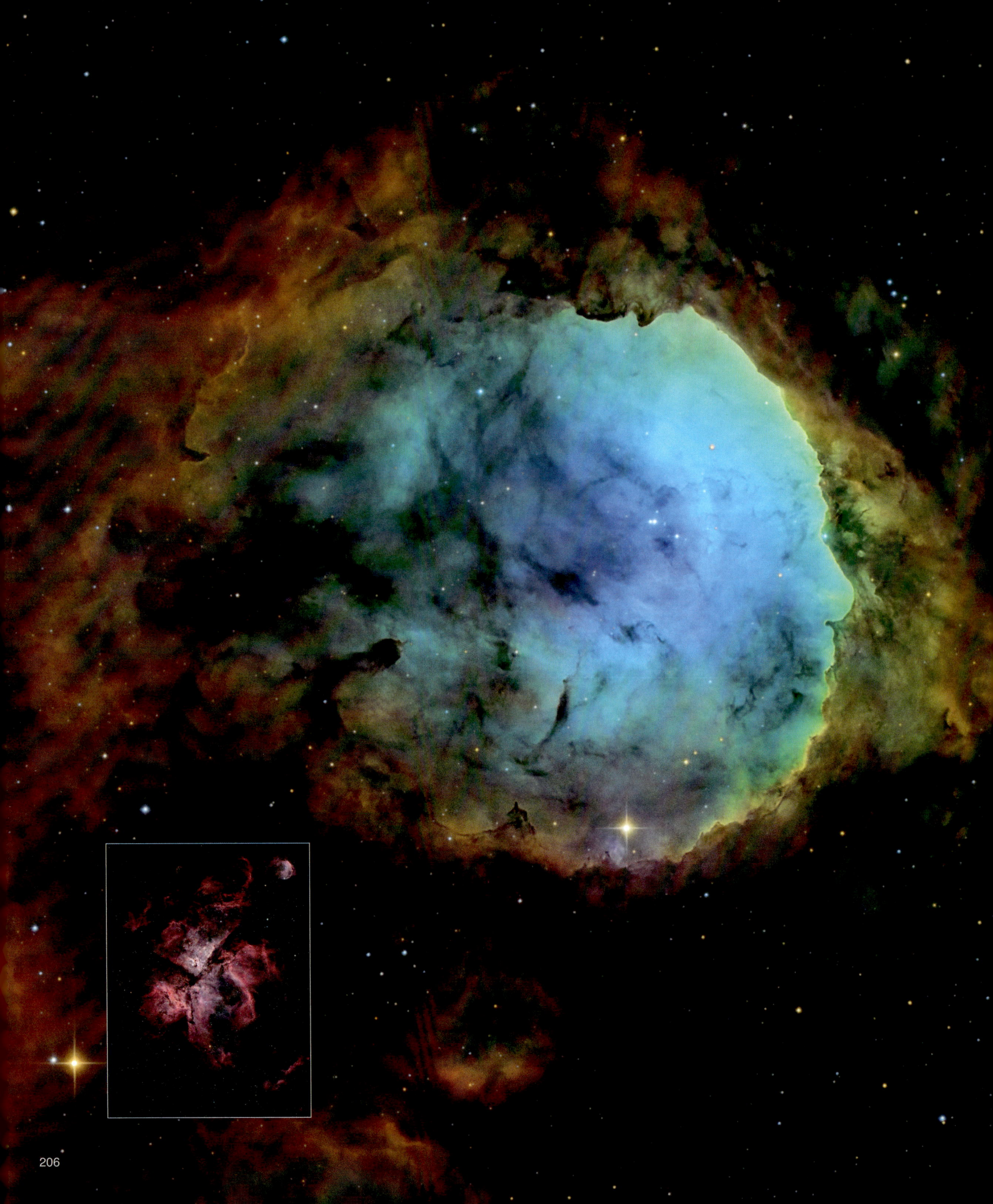

NGC 3324

La imagen en la esquina inferior izquierda de esta doble página es, una vez más, la Carina vista desde Namibia.

La he vuelto a poner aquí para situar la nebulosa casi blanca que aparece en su esquina superior izquierda.

Se trata de NGC 3324.

Aquí vista por el Hubble.

207

211

LOS PILARES DE LA CREACIÓN

He aquí tres imágenes de los Pilares de la Creación. Las dos de la izquierda las hizo el Hubble en 2015. La primera está tomada en luz visible. La segunda, en infrarrojo cercano, permite ver a través del polvo de la primera, lo que revela miles de estrellas ocultas.

La imagen de la derecha es del telescopio Webb. Se publicó el 19 de octubre de 2022.

Esta cuarta imagen de los Pilares de la Creación también la tomó el telescopio Webb. Se puede sentir que está ocurriendo algo muy intenso en los extremos de los grandes pilares. Incluso podemos distinguir luces en su interior, que podrían corresponder al nacimiento de estrellas. Lamentablemente, esta nebulosa aún está demasiado lejos de nosotros para que podamos ver en detalle lo que ocurre en su interior, incluso con el Webb.

Lo que necesitaríamos es una nebulosa que esté lo suficientemente cerca para que el Webb pueda atravesar el polvo y ver su interior.

216

214

Ahora diriges los ojos del Webb hacia una nebulosa un poco más cercana a nosotros, la nebulosa del Águila, situada a unos 6500 años luz de la Tierra.

Cada uno de los falsos colores de esta imagen corresponde a un átomo. El azufre se muestra en amarillo, el oxígeno en azul y el hidrógeno en rojo, lo que confirma tanto la omnipresencia del hidrógeno (se ve rojo por todas partes) como la presencia de átomos más pesados, forjados necesariamente en el interior de estrellas hoy desaparecidas.

En el centro de la imagen se encuentra una de las nebulosas más emblemáticas del universo.

Se llama los Pilares de la Creación.

NEBULOSA DEL ÁGUILA

215

La imagen del James Webb sobre estas líneas es de noviembre de 2022. Muestra una nebulosa situada a 457 años luz de distancia.

Si se observa atentamente su centro, se distingue una línea oscura, horizontal, que parece dividir la luz en dos. Esta barra oscura es la sombra de un anillo de polvo, como se ilustra en el recuadro.

En el corazón de este anillo está naciendo una estrella.

La fusión termonuclear aún no ha comenzado, pero no tardará mucho en hacerlo. Por ahora, la estrella en formación se alimenta del polvo que cae hacia ella y expulsa parte de él por sus polos, hacia arriba y hacia abajo, y provoca un flujo de partículas tan potente que crea los gigantescos vacíos cuyas paredes, visibles aquí, brillan y forman la figura del reloj de arena. Esta estrella que aún no ha nacido se llama L1527.

Justo a su lado, el Hubble ya había visto otras estrellas en proceso de formación. Las encontrarás al pasar la página.

EL NACIMIENTO DE LAS ESTRELLAS

Esta imagen la tomó el Hubble en 2014.

En ella aparecen tres estrellas en proceso de formación. Sus nombres son XZ Tauri (es la que provoca el patrón de difracción de cuatro puntas), HL Tauri (arriba a la derecha de la anterior, en la nube azul) y V1213 Tauri, abajo a la derecha. Todas se encuentran a unos 450 años luz de distancia.

En dos de ellas podemos adivinar la existencia de uno o dos chorros de materia. Son evidentes en la parte inferior derecha, pero también hay uno ligeramente anaranjado, casi horizontal, a la izquierda de la estrella de la nube azul.

Estos chorros se parecen mucho a los que emiten los agujeros negros gigantes, pero en este caso son incomparablemente más pequeños.

Las estrellas que los emiten suelen tener un disco a su alrededor donde se forman los planetas. Sin embargo, conseguir ampliar tanto la imagen como para ver el disco es extremadamente difícil.

Pero se consiguió por primera vez en 2014 gracias al telescopio Alma del Observatorio Europeo Austral, en Chile. Este se adentró en HL Tauri, la estrella que está más arriba en el trío.

Así se ve el entorno de HL Tauri a través de Alma.

Esta imagen, publicada en 2014, es la primera imagen tomada de una estrella en proceso de formación.

La estrella está oculta en el centro del disco, que se denomina *disco protoplanetario* porque los anillos negros que aparecen son las órbitas de planetas en proceso de formación. Las partículas de polvo que estaban allí inicialmente se convirtieron en rocas, luego estas rocas se agruparon para formar asteroides que ahora, tras muchas colisiones, están en proceso de convertirse en planetas.

El Sol, la Tierra y todos los demás planetas del sistema solar nacieron hace 4600 millones de años dentro de un disco protoplanetario similar a este.

EL NACIMIENTO DE LOS MUNDOS

Hasta ahora se han observado decenas de discos protoplanetarios en el espacio, incluidos los veinte que aparecen a continuación y que fueron fotografiados por Alma en 2018. Sin embargo, no se ve ningún planeta. Para verlos, hay que ampliar la imagen aún más y eso es lo que han hecho Alma y el VLT. Sus resultados se muestran en la parte inferior de la página: son dos imágenes de la misma estrella (PDS 70), a 370 años luz de nosotros, alrededor de la cual están naciendo dos planetas diferentes. La estrella está oculta por un pequeño círculo negro para que se puedan detectar los planetas, que, al ser mucho menos brillantes, serían invisibles. La imagen de la izquierda, tomada en 2017 por el VLT, es la primera imagen directa de un planeta en formación. La de la derecha, tomada por Alma en 2021, muestra el segundo planeta, un poco más alejado. Sabemos que al menos existe un tercero, pero no se ve aquí.

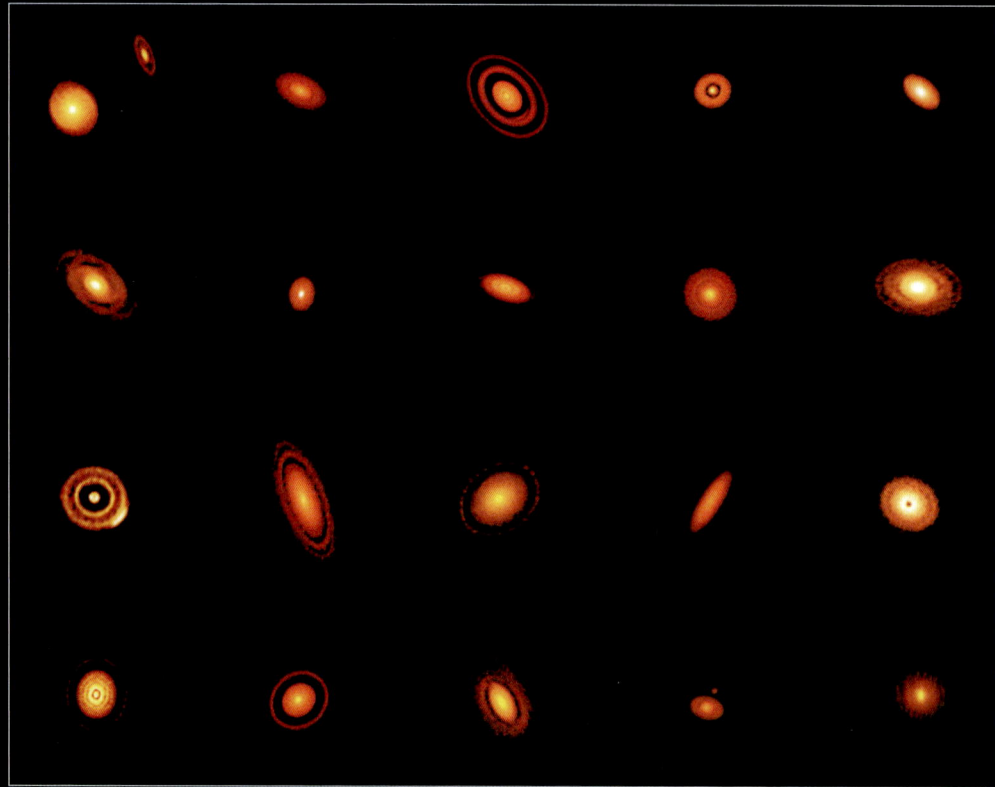

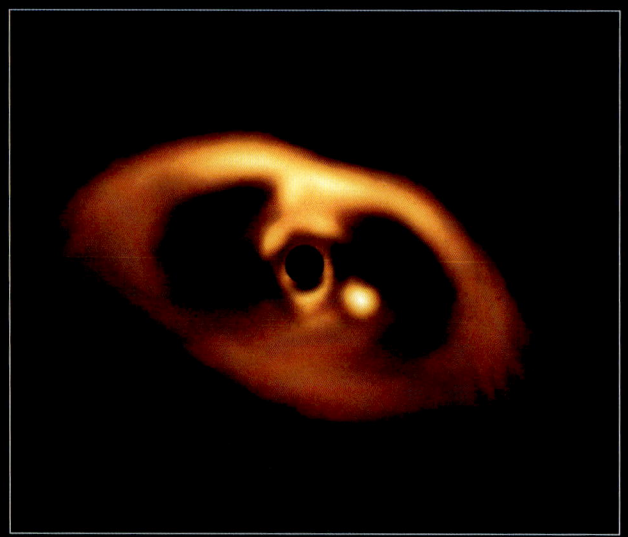
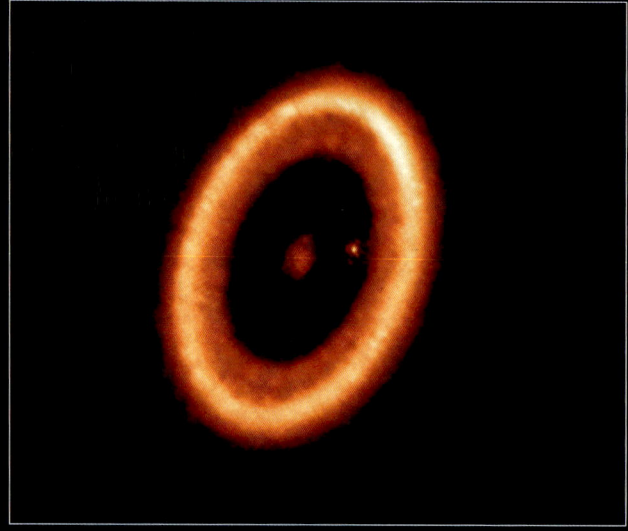

La mayoría de las estrellas jóvenes eyectan parte del material del disco que las alimenta y crean chorros como los de la página 218. Estos chorros se denominan *objetos Herbig-Haro* en honor a los astrónomos George Herbig y Guillermo Haro, que fueron los primeros en estudiarlos. Actualmente se conocen decenas de ellos. Situado a unos mil quinientos años luz de distancia de nosotros, este que vemos aquí está un poco más lejos que los planetas que estabas viendo nacer, pero es impresionante y característico. No se ve la estrella ni el disco protoplanetario, pero sí unos chorros magníficos. Este objeto se llama Herbig-Haro 24, o HH 24, mientras que los chorros de la página 218 eran HH 30, en la estrella de abajo a la derecha, y HH 150, en la de arriba.

Los objetos Herbig-Haro (con sus chorros) señalan la presencia de estrellas en proceso de formación en medio de una nube de polvo. Indican que existe un disco protoplanetario en cuyo interior es probable que se estén formando planetas.

Impresionado, sientes latir tu corazón mientras te giras lentamente hacia la guardería de estrellas más cercana a la Tierra, Rho Ophiuchi, que el Webb fotografió el 12 de julio de 2023.

Esta imagen es sin duda una de las imágenes más espectaculares del espacio tomadas por cualquier telescopio en los últimos años.

Una guardería en la que están naciendo casi cincuenta estrellas del tamaño del Sol o algo más pequeñas.

Seguro que reconoces los chorros que emiten, los objetos Herbig-Haro. Aparecen en rojo. Están por todas partes. Se cruzan y chocan entre sí. Uno de ellos, gigantesco, cruza casi toda la imagen, ligeramente inclinado. La estrella que lo origina está oculta detrás de la nube de polvo oscuro que se ve a la derecha del centro de la imagen.

Encima y ligeramente a la izquierda, dos conos oscuros parecen emanar de una estrella muy brillante. Son las sombras del disco protoplanetario que rodea a esta joven estrella.

Justo a su izquierda, hay dos estrellas pequeñas. Si te fijas bien, en la que está más arriba también verás un reloj de arena y una línea negra que lo atraviesa en el centro, como en la imagen de la página 217. Esto significa que también hay un disco de polvo, dentro del cual es probable que estén naciendo planetas.

En la parte amarilla de la zona inferior de la imagen se distingue una enorme cavidad creada por la onda de choque de la estrella que se encuentra en su centro y que brilla con un vistoso patrón de difracción. Nunca antes se había visto una cavidad así con tanto detalle.

En realidad, en esta imagen suceden tantas cosas que es imposible describirlas todas aquí, pero ahora tienes la experiencia necesaria para analizarlas por ti mismo.

Por su parte, ahora los investigadores aspiran a poder analizar todas estas luces para determinar la composición de las diferentes nubes, así como la de las estrellas y planetas que se esconden por todas partes. ¿No sería extraordinario descubrir moléculas que podrían ser los componentes básicos de la vida?

Por ejemplo, existe una molécula, el catión metilo, formada por un átomo de carbono y tres átomos de hidrógeno, de la que quizá recuerdes haber oído hablar al principio de tu viaje (fue en la página 15). Su presencia en las nubes interestelares se predijo en los años setenta. Su detección nos permitiría entender cómo se formaron muchas de las moléculas más complejas, necesarias para la vida tal y como la conocemos. Hasta ahora había sido imposible encontrarla. Hasta ahora, porque el telescopio James Webb acaba de apuntar su espejo hacia la nebulosa de Orión...

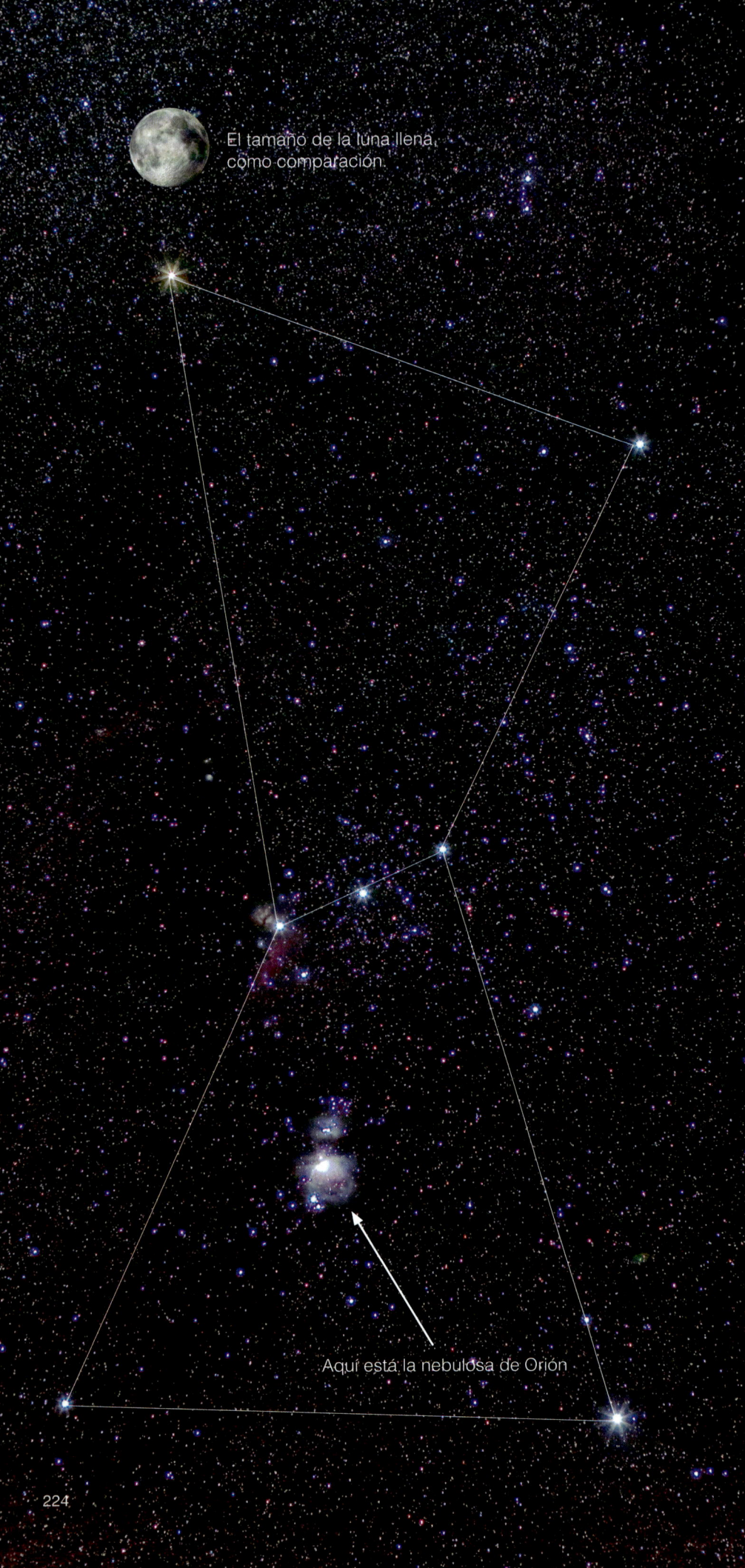

El tamaño de la luna llena, como comparación.

Aquí está la nebulosa de Orión

UNA NEBULOSA ESPECIAL

La nebulosa de Orión (M42) se encuentra a 1344 años luz de nosotros. Es la guardería estelar más activa de nuestra vecindad galáctica inmediata, lo que la hace parecer extremadamente luminosa. Tanto es así, que es visible a simple vista desde la Tierra.

De hecho, no es difícil de encontrar por la noche, incluso sin ningún equipo: solo hay que identificar en el cielo la constelación de Orión, que es enorme y tiene una forma característica muy fácil de encontrar. Aquí la vemos a la izquierda, con unas líneas trazadas para que la reconozcas. Las tres estrellas que están alineadas en su centro forman el llamado cinturón de Orión.

La nebulosa de Orión es la pequeña nube que se encuentra debajo del cinturón. Aquí está en la página de la derecha, vista por el Hubble en 2006.

El James Webb se interesó por la línea de polvo que separa la parte brillante y amarilla, en el centro, de la parte más oscura y rosada de la derecha. Esta línea se denomina la barra de Orión. El Webb apuntó a la zona situada justo encima de las tres estrellas azuladas que parecen estar casi alineadas. La zona se señala con una pequeña flecha transparente.

NEBULOSA DE ORIÓN (M42)

225

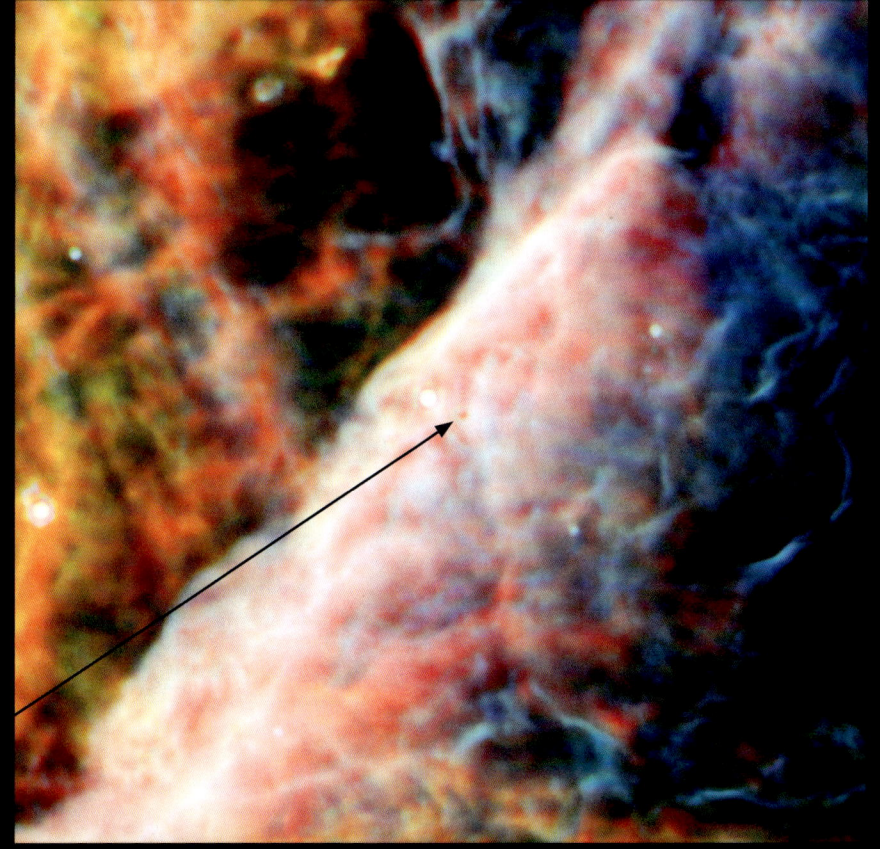

EL ESLABÓN PERDIDO

Aquí están las tres ampliaciones sucesivas que hizo el James Webb de la barra de Orión. Se publicaron el 26 de junio de 2023.

La primera, en la página de la izquierda, está tomada en el infrarrojo cercano. A los científicos les ha llamado la atención una pequeña mancha que encontrarás siguiendo la flecha blanca.

La segunda, a la derecha, es una ampliación mayor en el infrarrojo medio. Está centrada en la zona que rodea la mancha, que también está señalada con una flecha. Los colores más o menos se invierten de un infrarrojo al otro, pero es fácil reconocer algunas estrellas que aparecen en las dos imágenes.

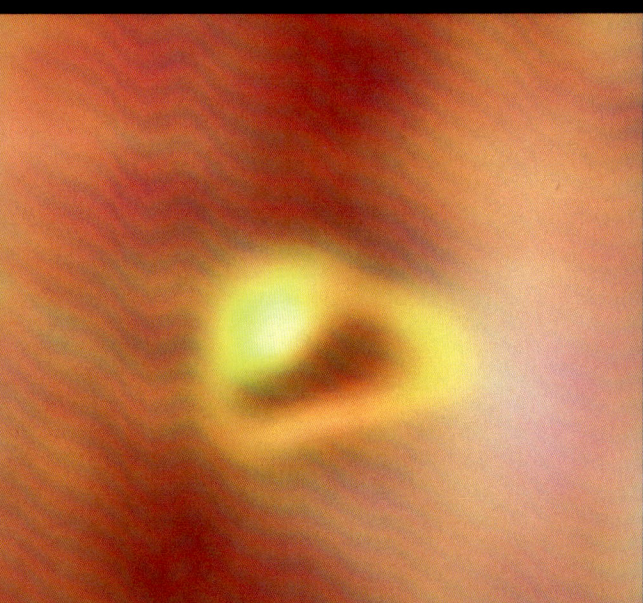

Una ampliación aún mayor muestra la mancha en sí. Es esta imagen de la izquierda. Se trata de una estrella en proceso de formación, con planetas. Está rodeada por un disco protoplanetario.

Y esta vez, eso no es todo.

Aquí es donde los científicos por fin detectaron la molécula que llevaban buscando durante décadas: el catión metilo, esa famosa molécula intermedia, uno de los eslabones que faltaban en nuestra comprensión de las moléculas de la vida.

No podemos descartar la posibilidad de que la pequeña mancha amarilla y marrón de esta imagen pueda convertirse algún día en un sistema estelar que albergue vida.

Como tampoco podemos descartar que vaya a ocurrir lo mismo con los 50 futuros soles de Rho Ophiuchi.

Pero también es muy probable que no suceda.

LOS MUNDOS

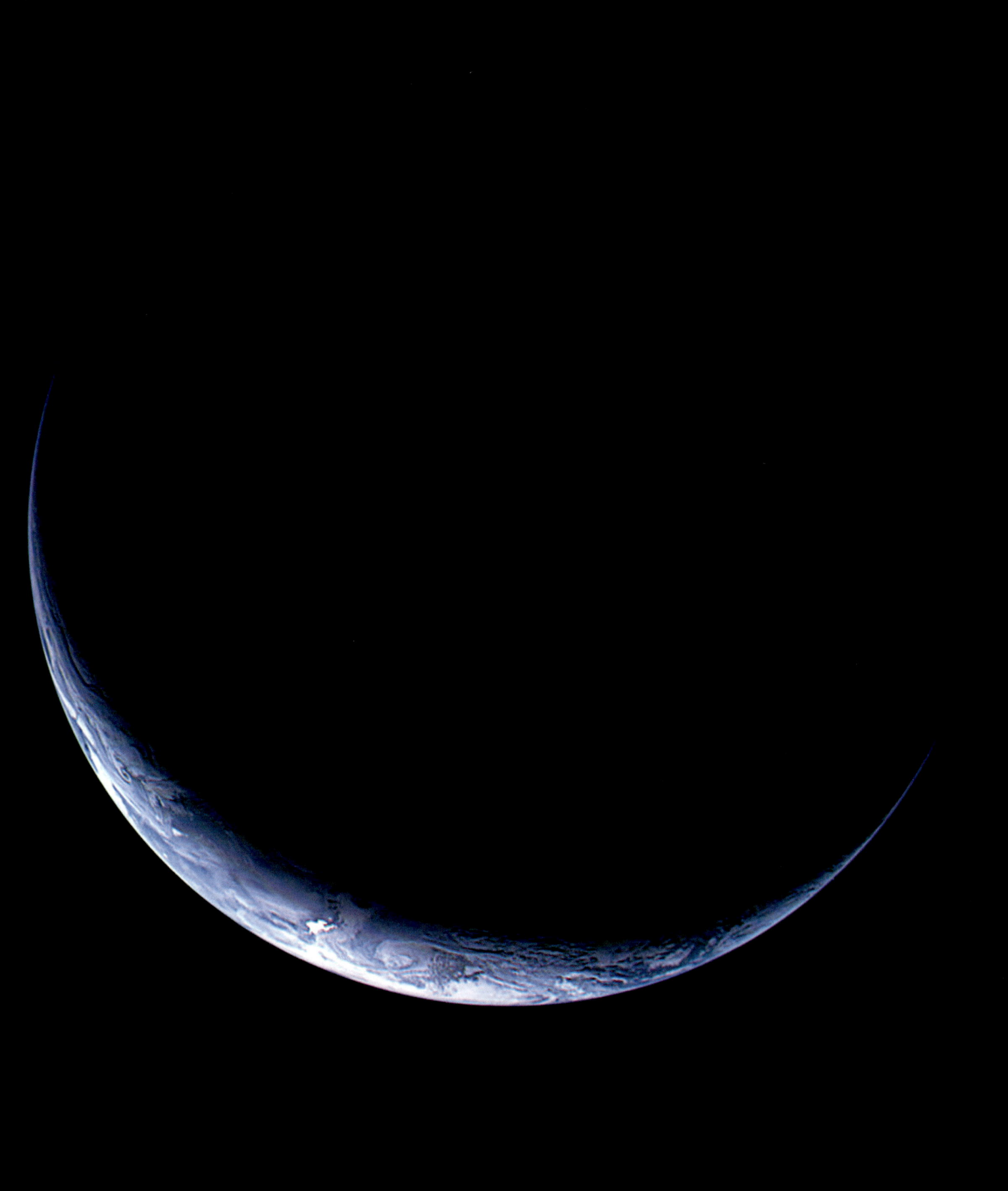

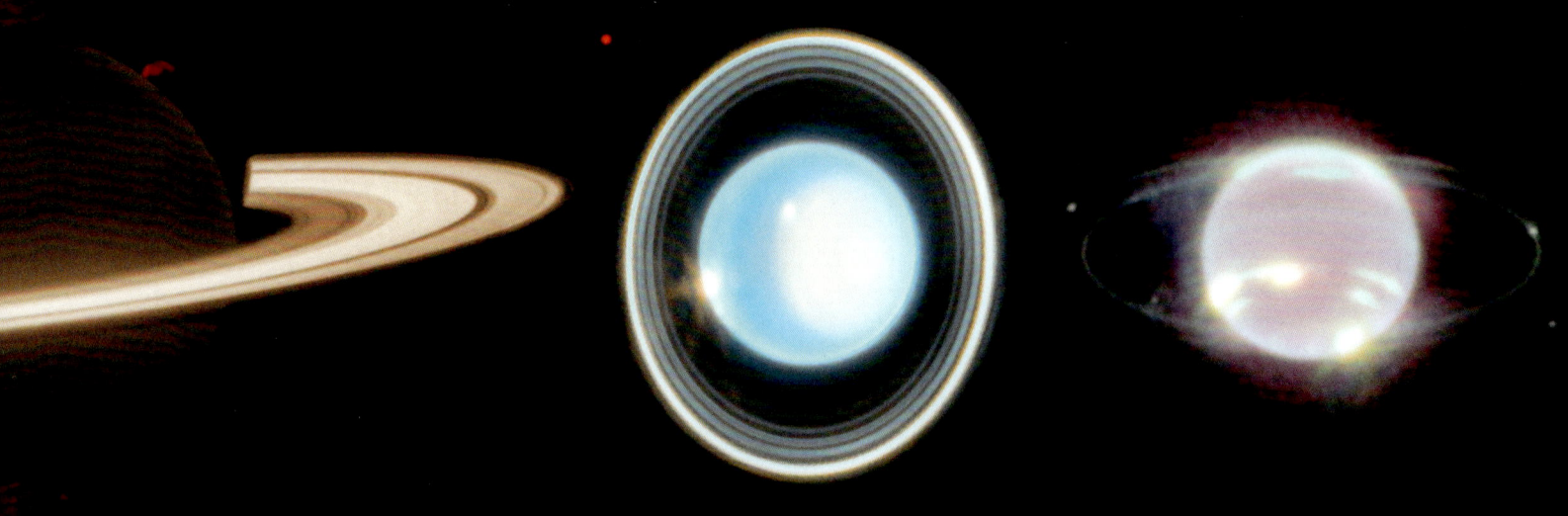

VER LOS MUNDOS LEJANOS

Hace apenas unos siglos, pensábamos que habitábamos un planeta especial, tal vez único, cuya historia probablemente nunca llegaríamos a conocer.

Pero desde que Newton nos abrió el camino, desde que su ley de la gravitación universal nos mostró que las leyes del cosmos estaban al alcance de nuestra comprensión, no solo estamos descubriendo la historia de la Tierra, sino también la de todo el universo. Al descifrar las señales que nos llegan desde todos los rincones del espacio y el tiempo, hoy somos capaces de explorar el universo sin tener que recorrer físicamente las colosales distancias que nos separan de otros mundos.

Como has visto a lo largo del viaje, ahora tenemos una idea de cuándo aparecieron las primeras galaxias, los primeros cúmulos de galaxias y los primeros agujeros negros. Sabemos que, aunque aún no conozcamos su naturaleza, hizo falta una materia a la que llamamos oscura para explicar la aparición y evolución de todas estas estructuras.

Y también hemos conseguido entender la vida de las estrellas. Tanto de las primigenias, que sacaron al universo de la oscuridad, como de las que, como el Sol, iluminan planetas. Dentro de una nube que colapsa sobre sí misma para convertirse en una de estas últimas, el telescopio James Webb acaba de detectar incluso uno de los eslabones perdidos de la química de la vida.

Conocemos más de cinco mil mundos en la actualidad y solo ocho de ellos orbitan alrededor del Sol.

Estos son los planetas del sistema solar: Mercurio, Venus, la Tierra, Marte, Júpiter, Saturno, Urano y Neptuno. En la imagen de la doble página anterior aparecen en este orden y están representados a escala entre ellos y con respecto al Sol.

Los planetas que no orbitan alrededor del Sol se llaman exoplanetas. Los científicos calculan que hay cerca de mil millones solo en nuestra galaxia. Los cinco mil que conocemos se encuentran, salvo raras excepciones, a no más de unos pocos miles de años luz de distancia. En la escala del cosmos, eso no es nada. Ni siquiera en la escala de nuestra galaxia. Para nosotros, en cambio, están muy lejos. Demasiado lejos para que podamos soñar con ir allí, pero también demasiado lejos para que podamos ver su superficie con detalle.

Sin embargo, un primer paso en esta dirección lo dio el James Webb en septiembre de 2022, dos meses después de su puesta en servicio. Tras observar un planeta directamente, con cuatro filtros diferentes, pudo reconstruir las imágenes que se muestran en la página contigua. Es un gigante gaseoso, inmenso, aún más grande que Júpiter. Pero a 360 años luz de distancia, es pequeño, incluso para un telescopio. Por lo que sabemos hoy, parece difícil que pueda albergar alguna forma de vida similar a la que conocemos en la Tierra. El exoplaneta en cuestión es HIP 65426b. Su estrella se oculta con una pequeña estrella blanca para que el Webb no se deslumbre y pueda ver este mundo lejano.

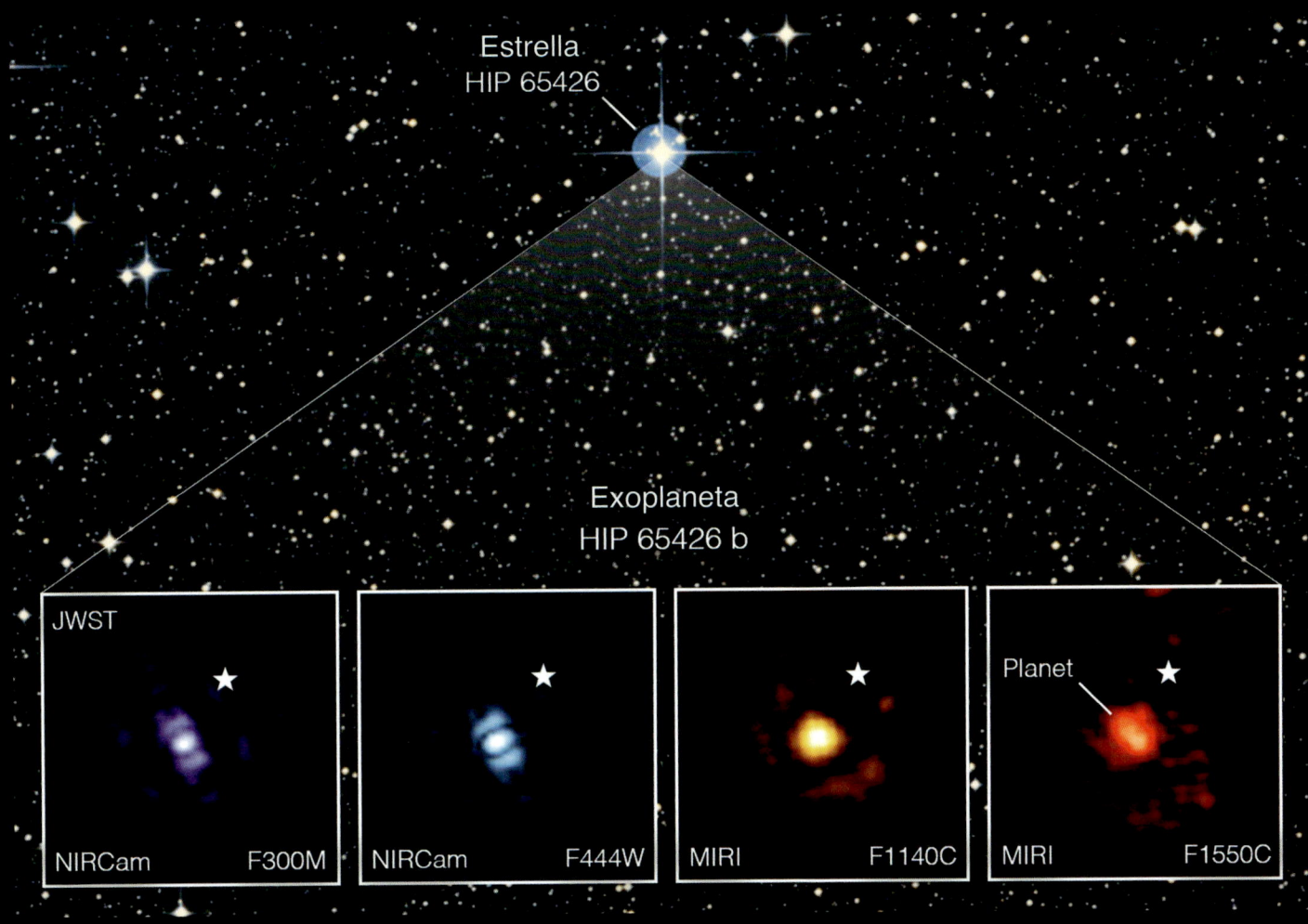

Estrella
HIP 65426

Exoplaneta
HIP 65426 b

JWST

NIRCam   F300M

NIRCam   F444W

MIRI   F1140C

Planet

MIRI   F1550C

CÓMO DETECTAR UN EXOPLANETA...

Uno de los principales métodos utilizados para detectar la presencia de exoplanetas consiste en buscar una disminución de la luminosidad de una estrella provocada por el paso de uno o varios exoplanetas por delante de ella. Es lo que se conoce como *método del tránsito*.

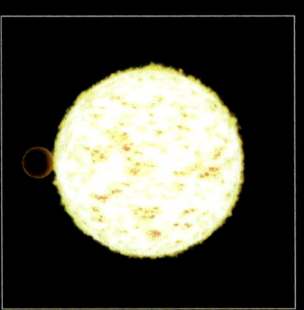 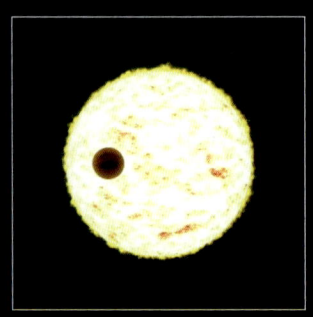 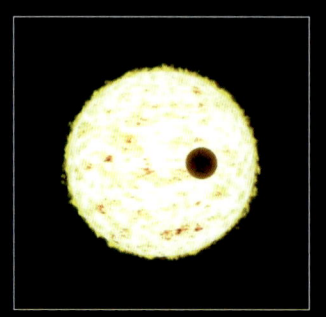 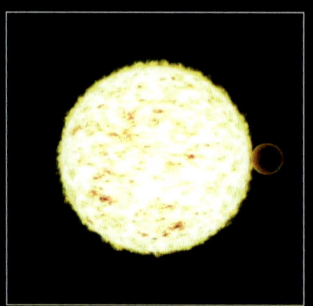

El telescopio Webb ha medido la disminución de la luminosidad de la estrella Trappist-1 durante el paso de uno de sus siete exoplanetas. Situado a solo 40,5 años luz de nosotros, este sistema solar es uno de los más interesantes que hemos encontrado, entre otras cosas porque uno de sus planetas, Trappist-1c, se encuentra a la distancia adecuada de su estrella para que pueda existir agua líquida en su superficie. A continuación se muestra el tránsito de este planeta. Hasta junio de 2023, los científicos incluso lo consideraban como uno de los mejores candidatos conocidos para albergar alguna forma de vida extraterrestre, pero en un estudio publicado ese mismo mes, del cual se extrajo este gráfico, el Webb mostró que probablemente no tenga atmósfera, lo que sugiere que los planetas potencialmente habitables son menos comunes de lo que se pensaba.

Si los exoplanetas tienen atmósfera, a veces el Webb puede detectar su composición. Para ello, el exoplaneta en cuestión debe pasar entre su estrella y nosotros, como Trappist-1c. En esos casos, siempre hay unos brevísimos instantes en los que la atmósfera del planeta cubre una pequeña parte de su estrella. Si se analiza el espectro de la luz de esos momentos, es posible determinar qué longitudes de onda ha absorbido la atmósfera del planeta y, por tanto, deducir qué átomos o moléculas contiene dicha atmósfera.

EXOPLANETA TRAPPIST-1B

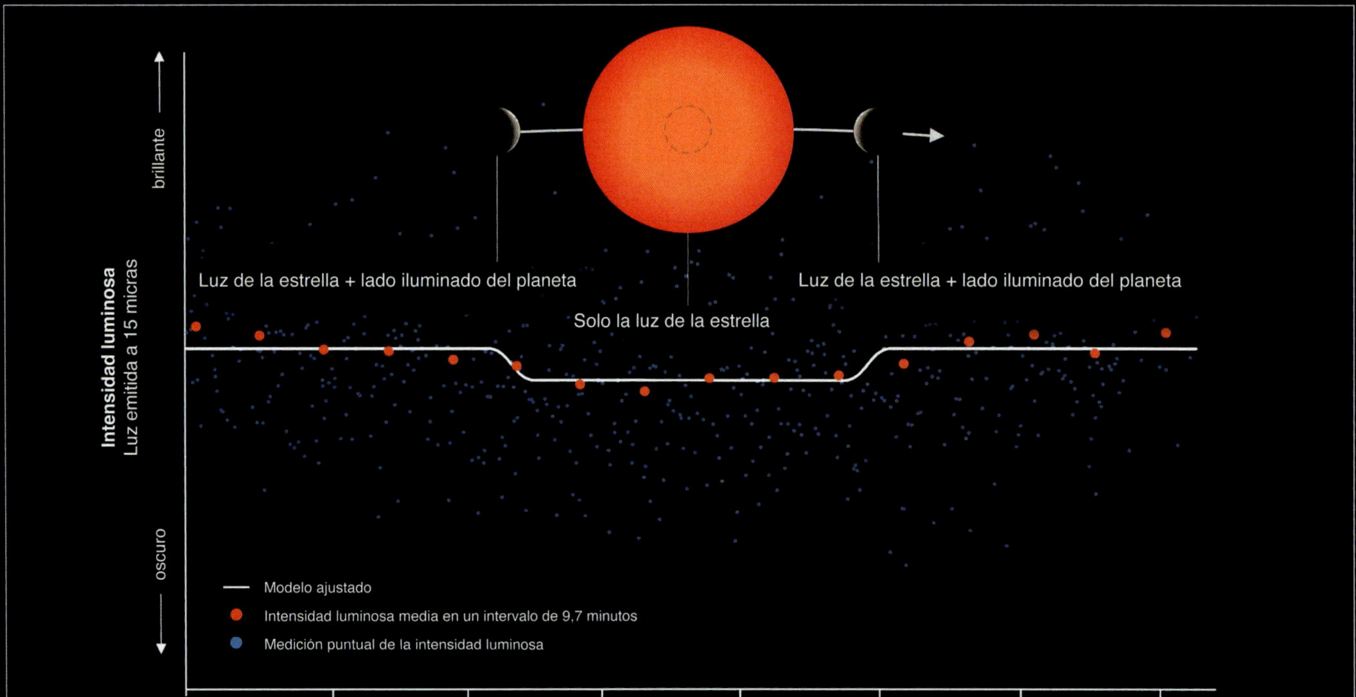

brillante

Intensidad luminosa
Luz emitida a 15 micras

Luz de la estrella + lado iluminado del planeta

Solo la luz de la estrella

Luz de la estrella + lado iluminado del planeta

oscuro

—— Modelo ajustado

● Intensidad luminosa media en un intervalo de 9,7 minutos

● Medición puntual de la intensidad luminosa

... Y LA VIDA QUE PUEDA ALBERGAR

En el caso del planeta Wasp-96b, situado a 1160 años luz de distancia, este es el aspecto que presenta un análisis de su atmósfera. En ella, el telescopio Webb logró detectar la presencia de agua:

EXOPLANETA GIGANTE GASEOSO WASP-96B

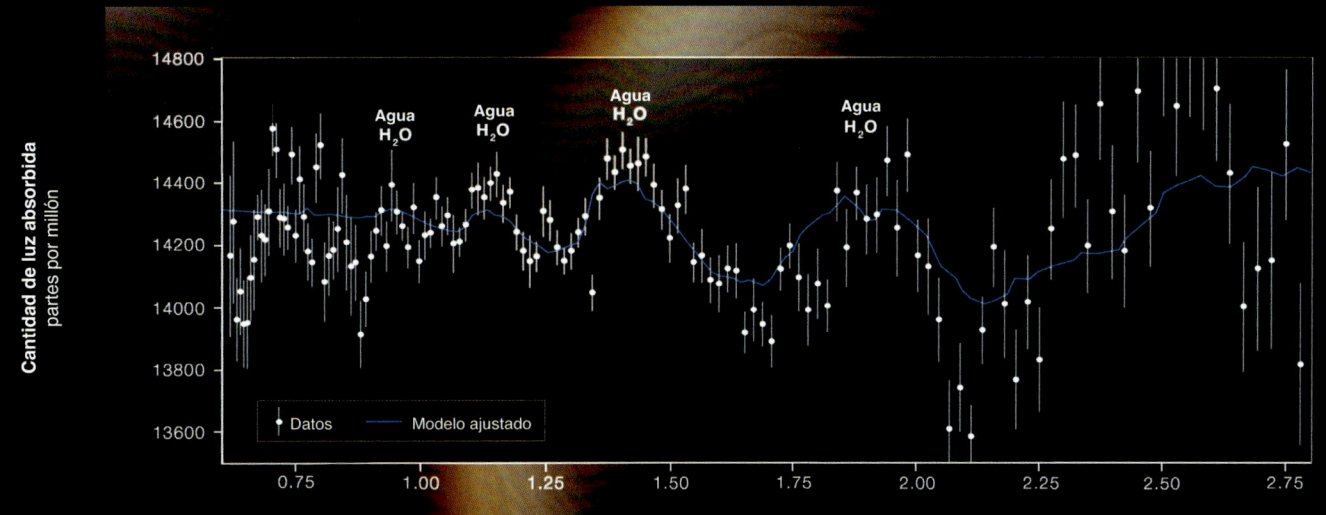

Longitud de onda de la luz
en micras

El exoplaneta K2-18b, a 120 años luz de nosotros, es aún más intrigante. No solo se encuentra en la zona habitable de su estrella (lo que significa que potencialmente podría tener agua líquida en su superficie), sino que además posee una atmósfera en cuyo interior el Webb detectó, en un estudio publicado el 11 de septiembre de 2023, la presencia de dióxido de carbono, metano y, al parecer, sulfuro de dimetilo. En la Tierra, este compuesto solamente lo producen los organismos vivos...

EXOPLANETA K2-18B

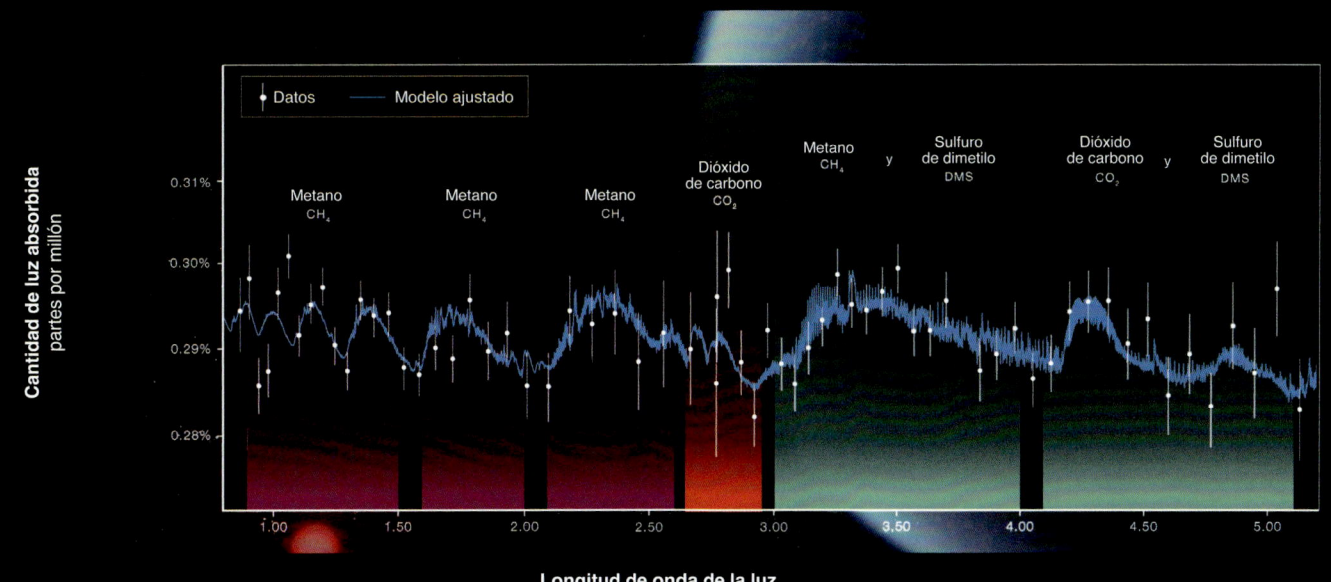

Longitud de onda de la luz
en micras

Puede que el estudio de este mundo y de muchos otros nos depare algunas sorpresas en los próximos años.

EPÍLOGO

EL TELESCOPIO JAMES WEBB

TELESCOPIO ESPACIAL HUBBLE

Diámetro del espejo: 2,4 m

Distancia a la Tierra: 600 km

Luz que detecta: ultravioleta - visible - infrarrojo cercano

Temperatura de funcionamiento: 20 °C

Posibilidad de reparación: sí

Posibilidad de actualización: sí

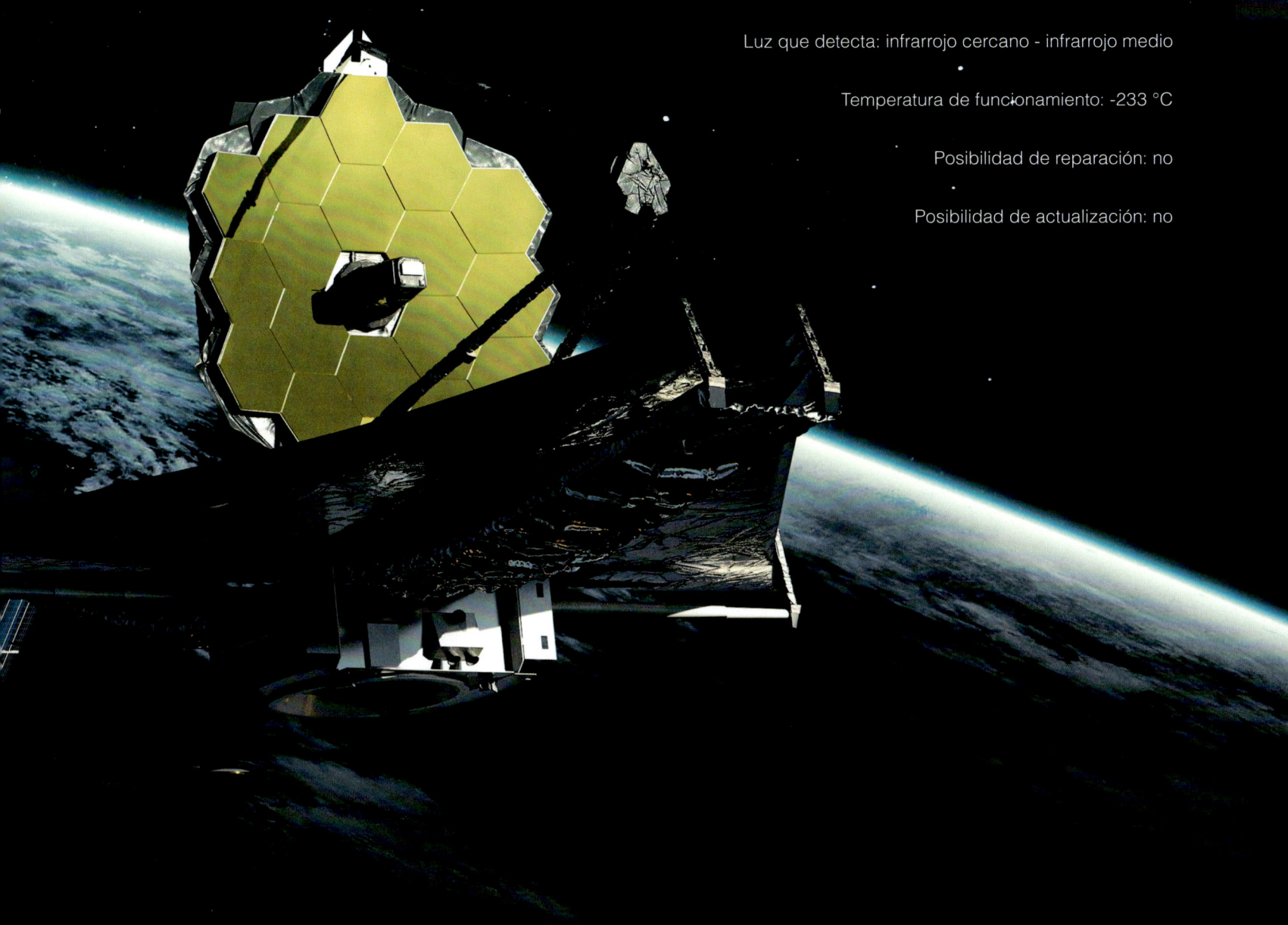

TELESCOPIO ESPACIAL JAMES WEBB

Diámetro del espejo: 6,5 m

Distancia a la Tierra: 1 500 000 km

Luz que detecta: infrarrojo cercano - infrarrojo medio

Temperatura de funcionamiento: -233 °C

Posibilidad de reparación: no

Posibilidad de actualización: no

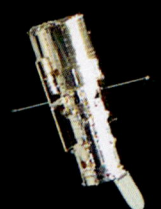

EL HUBBLE VISTO DESDE EL COLUMBIA

El telescopio espacial Hubble fue puesto en órbita alrededor de la Tierra el 24 de abril de 1990 por el transbordador espacial *Discovery*. Desde entonces ha estado dando vueltas en el espacio a unos 600 km por encima de nuestras cabezas, lo suficientemente cerca como para que hayamos podido enviar astronautas varias veces para repararlo y equiparlo con nuevos instrumentos. Entre 1993 y 2009, el Hubble recibió la visita de cinco tripulaciones.

La foto de esta página fue tomada el 9 de marzo de 2002 por la tripulación del transbordador espacial *Columbia* en su viaje de regreso a la Tierra. Tras cinco días de misión, habían instalado una nueva cámara, la misma que obtuvo tiempo después el campo ultraprofundo de la página 162.

EL WEBB Y EL ARIANE 5

El telescopio espacial Webb, por su parte, despegó a bordo del cohete *Ariane 5* el 25 de diciembre de 2021.

Una vez en el espacio, el Webb viajó durante treinta días en solitario hasta su destino final, que no es una órbita alrededor de la Tierra.

Para no ser perturbado por la radiación infrarroja emitida por nuestro mundo, el Webb fue enviado hacia lo que se conoce como *punto de Lagrange*. Esta es una posición especial, en la cual las atracciones gravitatorias del Sol y de la Tierra están perfectamente equilibradas: un objeto que se coloca allí no se mueve de ese lugar.

Una vez alcanzado este punto, el Webb desplegó su espejo y su protección contra los rayos del Sol, una especie de parasol formado por siete capas ultrafinas, cada una del tamaño de una pista de tenis.

El telescopio James Webb no puede funcionar a una temperatura por encima de los -230 °C, de ahí la necesidad de estos parasoles: dividen por un millón la intensidad de la radiación solar que llega a sus instrumentos.

EL TELESCOPIO WEBB EN EL ESPACIO

Existen cinco puntos de Lagrange (L1 a L5) alrededor del Sol. El Webb se encuentra en el punto número 2, al otro lado de la Tierra con respecto al Sol. No está solo. Le acompañan los satélites Gaia y Euclid. El Planck también estuvo allí, pero ya no está. Apagado en 2013, fue propulsado fuera de la zona para dejar sitio a otros satélites, como Euclid, que llegó allí a finales de julio de 2023, y cuyo destino es ayudarnos a desentrañar el misterio de la materia y la energía oscuras del universo.

LOS DIFERENTES PUNTOS DE LAGRANGE

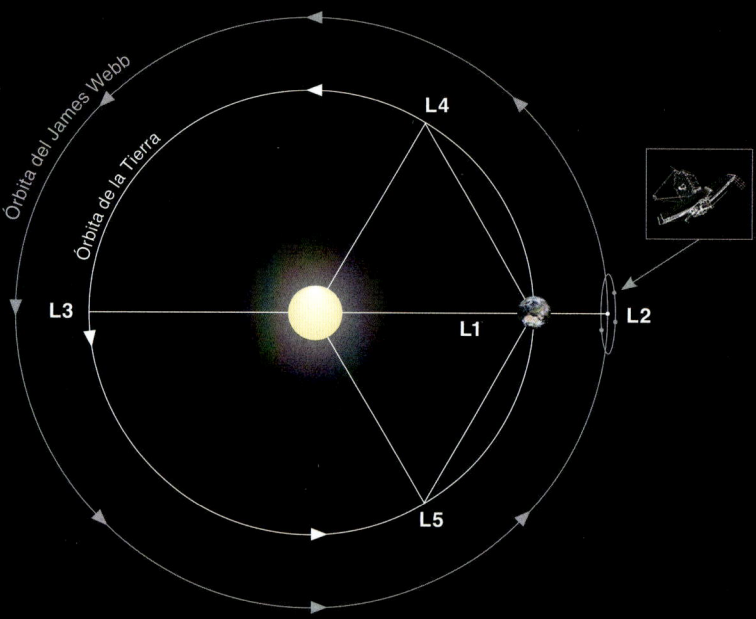

El segundo punto de Lagrange está situado a 1,5 millones de kilómetros de la Tierra. Eso es cinco veces la distancia de la Tierra a la Luna. No hay forma de que podamos ir a hacer mejoras o reparaciones a una distancia tan grande. Los satélites que enviamos allí o funcionan o se acabó. Hasta ahora, el Webb funciona perfectamente, lo cual es extremadamente satisfactorio.

Si la Tierra está aquí...

... la Luna está allí...

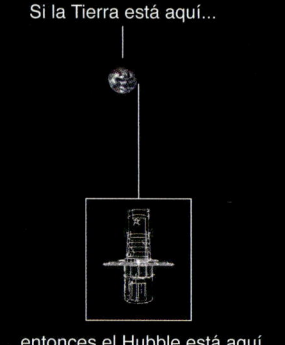

... entonces el Hubble está aquí...

242

El telescopio espacial James Webb es fruto de una colaboración entre la NASA (la Agencia Espacial Estadounidense), la ESA (la Agencia Espacial Europea) y la CSA (la Agencia Espacial Canadiense). El centro de vuelo espacial Goddard, con sede en Maryland, Estados Unidos, estuvo a cargo del proyecto hasta su lanzamiento y ahora es el Instituto de Ciencias del Telescopio Espacial de la Universidad Johns Hopkins, también en Maryland, el que supervisa las operaciones.

Fue bautizado en honor a James Webb (1906-1992), el administrador de la NASA a cargo del programa Apolo que, en la década de 1960, envió astronautas a la Luna.

Desde 1995 hasta 2023, John C. Mather, uno de los dos físicos galardonados con el Premio Nobel de Física en 2006 por haber entendido lo que representaba la radiación cósmica de fondo de microondas, dirigió la investigación científica del telescopio James Webb.

Le sucedió en 2023 la astrofísica estadounidense Jane Rigby.

JOHN C. MATHER

JANE RIGBY

LOS TRES ERRORES, PÁGINAS 152-153

MACSJ0138

2016

2019

Las tres imágenes de la misma explosión estelar están rodeadas por un círculo.

La cuarta explosión debería aparecer a la altura del cuarto círculo en 2037. También indica la posición de la cuarta imagen de la galaxia lejana.

LOS TRES DÚOS DE GALAXIAS, PÁGINAS 154-155

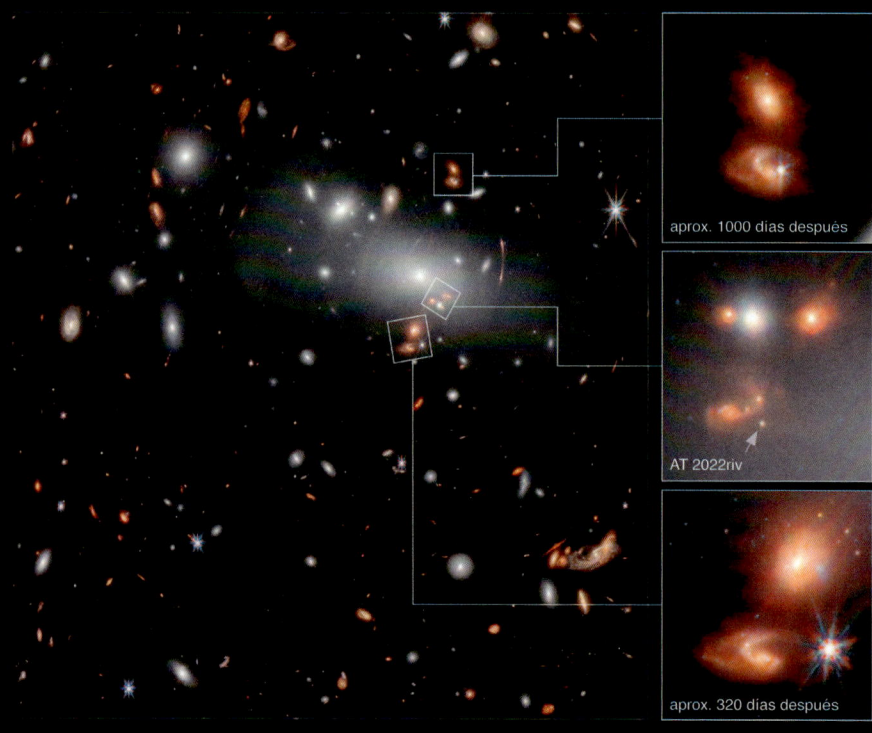

aprox. 1000 días después

AT 2022riv

aprox. 320 días después

El cúmulo de galaxias que crea la lente es el de las galaxias blanquecinas y vaporosas, y las tres imágenes de las dos galaxias que había que encontrar están en los recuadros.

En la imagen del medio hay una sorpresa: se fotografió la explosión de una estrella un poco por casualidad. Era imposible verla sin el recuadro. Aparece como AT 2022riv.

Probablemente sea una supernova de tipo «Ia», una de las explosiones estelares más violentas que existen.

Observa que no aparece en las otras dos imágenes, lo que significa una vez más que las diferentes trayectorias seguidas por su luz no recorren la misma distancia. Por lo tanto, las imágenes inferior y superior nos muestran el mismo par de galaxias, pero no en el mismo momento. En ambos casos, la supernova ya se ha apagado. Somos afortunados de haberla visto una vez, porque si tomáramos una imagen hoy, no aparecería en ninguna de las tres.

LOS DETALLES DE LA NEBULOSA CARINA, PÁGINAS 204-205

1
2
3
4

1. Eta Carinae. Era casi imposible de encontrar, porque no se ve bien en la imagen del Hubble de arriba. Es una estrella gigantesca situada a 7660 años luz de distancia, que está a punto de explotar. Los dos lóbulos son el resultado de una explosión observada por nuestros antepasados a simple vista en 1841.

2. El Dedo de Dios (sí, esta nebulosa realmente se llama así).

3. Una nube que resiste los vientos de las estrellas recién nacidas.

4. Una nebulosa conocida como la Montaña mística.

LAS DIEZ PEQUEÑAS GALAXIAS, PÁGINAS 182-183

Solo hay ocho círculos, pero dos de ellos contienen dos galaxias cada uno.

Y, para terminar, aquí está por fin la definición de año luz.

Es una unidad de distancia. Corresponde a la distancia recorrida por la luz en un año, que es aproximadamente 9,461 billones de kilómetros.

AGRADECIMIENTOS

Hace varios años que doy conferencias mensuales al gran público en los cines de París para contar con imágenes y vídeos los últimos avances científicos de la humanidad. Así que cuando Elsa Lafon me preguntó abruptamente una mañana de primavera de 2023, en la intersección de dos calles parisinas, si me gustaría escribir un libro atractivo sobre las imágenes del James Webb, la situación se invirtió de repente. Me imaginé a mí mismo sentado en una sala llena de niños y adultos, mirando una pantalla, soñando frente a las maravillas que nos revelan hoy día nuestros extraordinarios telescopios. Quería emprender un viaje, con la imaginación, para descubrir lo que nadie había visto nunca antes.

Muchas gracias, Elsa, por haber tenido esta idea y darme la oportunidad de transformarla en este libro, gracias a la inestimable ayuda de Émilien Castaing y Marion Gouazé, dos diseñadores gráficos excepcionales.

Muchas gracias a Amanda Meiffret y Maëlle Maigne por encargarse de la supervisión editorial de este libro sin dejar de sonreír a pesar de todas las limitaciones de espacio y tiempo...

Gracias a la ESA y a la NASA, y a todos los astrónomos del planeta, por todas las maravillosas imágenes que ofrecéis a la humanidad.

Un agradecimiento inmenso a David Elbaz por su amabilidad y paciencia a la hora de corregir los errores que se colaron en el texto. Les recomiendo, queridas lectoras, queridos lectores, que lean su libro *La plus belle ruse de la Lumière*, publicado por la editorial Odile Jacob en 2021.

Por todo lo que forma parte de la vida de un libro pero que nunca se ve, gracias a todos en Michel Lafon: Christian Toanen y Nikola Savic, Barbara Piley, Frédéric Guyomard, Anne Procureur y Juliette Recolin, así como a Chantal Nicolas y Éléonore Mongiat por todas sus correcciones y sugerencias.

Y por último, Margareta, Eric, Nicolas, Brigitte, Gil, Lauren, Marius y Honoré, también quiero daros las gracias desde el fondo de mi corazón por toda la ayuda que me prestáis, siempre, en mi camino hacia las estrellas.

www.christophegalfard.com

Si quieres enterarte de las últimas publicaciones del telescopio James Webb, aquí tienes un enlace a la página web de la Agencia Espacial Europea, que se actualiza con cada nueva publicación (es en inglés):

Esta imagen, publicada por el James Webb el 14 de septiembre de 2023, es una fotografía de un sol en proceso de formación (está oculto por la nube negra).

CRÉDITOS

NASA, ESA, CSA: M. Matsuura, R. Arendt, C. Fransson: p. 43 (arriba a la derecha); J. Lee and the PHANGS-JWST and PHANGS-HST Teams pp. 72-73; J. Lee and the PHANGS-JWST Team: pp. 76-77; A. Adamo & the FEAST JWST team: pp. 82-83; J. Lee & A. Pagan: p. 89; L. Armus & A. S. Evans: pp. 94-95, p. 111; L. Armus, N. Bartmann: p. 104; M. Zamani: p. 135 (arriba); J. Spilker/S. Doyle: pp. 148-149; P. Kelly: pp. 154-155; T. Morishita & A. Pagan: p. 181; Feige Wang & J. DePasquale: p. 182; I. Labbe & R. Bezanson: p. 185; Simon Lilly, Daichi Kashino, Jorryt Matthee, Christina Eilers, Rob Simcoe, Rongmon Bordoloi, Ruari Mackenzie: pp. 186-187; M. Barlow, N. Cox, R. Wesson: pp. 198-199; M. Zamani & PDRs4ALL ERS Team: pp. 226-227; Jupiter ERS Team: p. 230 (centro); A Carter, the ERS 1386 team & A. Pagan: p. 233; J. Olmsted: p. 234 (abajo).

NASA, ESA: K. France: P. Challis & R. Kirshner: p. 43 (arriba a la izquierda); © J. Dalcanton, B.F. Williams, L.C. Johnson, the PHAT team & R. Gendler: pp. 58-59; M. Durbin, J. Dalcanton, B. F. Williams: pp. 62-63; © Hui Yang: p. 64; R. Chandar: pp. 74-75; S. Beckwith and the Hubble Heritage Team: pp. 80-81, p. 207, p. 211; p. 86; A. Evans, R. Chandar: pp. 92-93; Hubble SM4 ERO Team: p. 96; Digitized Sky Survey 2: p. 102; p. 103; p. 107; p. 108; A. Evans p. 110; P. van Dokkum: pp. 122-123; p. 146 (abajo a la derecha); Suyu *et al*: p. 147; S. Jha: p. 151; pp. 152-153; N. Smith; p. 218; M. Robberto: p. 225.

NASA, ESA, CSA, STScI: Webb ERO Production Team: pp. 38-39; p. 41; L. Frattare, J. Major, and K. Arcand: p. 51; Kristen McQuinn: pp. 66-67; p. 98; pp. 100-101; K. Pontoppidan, A. Pagan: p. 120, pp. 222-223; p. 168; M. Zamani, Leah Hustak: pp. 174-175, pp. 178-179; Alyssa Pagan: pp. 176-177; p. 197 (abajo); p. 208; pp. 213-214; pp. 216-217; Matthew Tiscareno, Matthew Hedman, Maryame El Moutamid, Mark Showalter, Leigh Fletcher, Heidi Hammel: pp. 230-231; p. 231 (centro+derecha).

NASA, ESA, STScI: p. 13 (abajo); © E. Sabbi: pp. 36-37; AURA: p. 42, p. 197 (arriba); pp. 44-45; © JPL-Caltech: p. 46; © A. Pagan: pp. 48-49; © A. Nota: p. 50; pp. 84-85; Z. Levay y R. van der Marel, T. Hallas & A. Mellinger pp. 113-119; Robert Williams: pp. 158, 160; S. Beckwith & the HUDF Team: pp. 162-163; , P. Oesch, G. Brammer, P. van Dokkum & G. Illingworth: pp. 172-173.

ESO: S. Brunier: pp. 26-27, 32-33, 52-53, 127; © Y. Beletsky: pp. 30-31; © Robert Gendler: pp. 34-35; L. Calçada: p. 43 (abajo); pp. 60-61; VST/Omegacam Local Group Survey: pp. 66-67; PESSTO/S. Smartt: p. 78 (derecha); F. Courbin: p. 146 (abajo a la izquierda); pp. 202-203; Yovin Yahathugoda: p. 206; A. Müller: p. 221.

Wikimedia commons: p. 9 (derecha); FF-UK: p. 10; Nick Risinger: pp. 28-29; Jean-Pierre Luminet: p. 87 (abajo a la izquierda); Judy Schmidt: p. 88; p. 138; Arthur Eddington: p. 145; Harel Boren: pp. 200-201; Mouser: p. 224

Shutterstock: tina7si: p. 13 (arriba); Vadim Sadovski: pp. 20-21; Franck Fichtmueller: pp. 68-69; pp. 192-193; pp. 238-239.

NASA: CXC/Univ. Observ. Munich/T. Preibisch: p. 209; p. 234 (arriba); Bill Ingalls: p. 237; p. 240; Chris Gunn: p. 243 (izquierda); Britt Griswold & Jay Friedlander: p. 243 (derecha).

Alamy: p. 8; p. 9; p. 134; p. 137; p. 141.

Rayos X: Chandra: NASA/CXC/SAO, XMM: ESA/XMM-Newton; IR: JWST: NASA/ESA/CSA/STScI, Spitzer: NASA/ JPL/CalTech; Óptico: Hubble: NASA/ESA/STScI, ESO; Tratamiento de imágenes: L. Frattare, J. Major y K. Arcand: p. 51; p. 79.

NASA/JPL-Caltech: B.E.K. Sugerman: p. 78 (izquierda); p. 217 (derecha).

Colaboración EHT: p. 87 (arriba); p. 127.

© Gianni Lacroce / www.flickr.com/photos/194921065@N03 / www.instagram.com/giannilacroce: pp. 210-215.

Otros: © Nasim Mansurov: pp. 6-7; Getty images/© Bulgac: pp. 18-19; © Christophe Galfard: pp. 22-23; © David Billings: pp. 24-25; ESA/Gaia/DPAC; S. Jordan, T. Sagristà, X. Luri: p. 47 (arriba); X-ray: NASA/CXC/CfA/E. O'Sullivan: p. 97; NASA, ESA, ESO, D. Coe & J. Merten: p. 184; ESA and the Planck Collaboration: p. 166; Caltech/R. Hurt (IPAC): pp. 130-131; ESA/MPS for OSIRIS Team: p. 129; N.A. Sharp/KPNO/NOIRLab/NSO/ NSF/AURA: pp. 16-17; ESA/D. Ducros: p. 241; © Volker Springel (Max Planck Institute for Astrophysics) *et al*: pp. 156-157; © Émilien Castaing: p. 14; p. 47; p. 142; p. 167; pp. 188-189; pp. 190-191; © Émilien Castaing & Andrew Z. Colvin: p. 55; p. 65; pp. 70-71; R.-S. Lu, E. Ros, S. Dagnello: p. 87 (abajo a la derecha); pp. 90-91; p. 161; © Émilien Castaing & R. N. Bailey: p. 196; © R. Gendler: pp. 56-57; © Pablo Carlos Budassi: p. 195; ALMA (NRAO/ESO/NAOJ); C. Brogan, B. Saxton (NRAO/AUI/NSF): p. 219; ALMA (ESO/NAOJ/NRAO), S. Andrews et al; NRAO/AUI/NSF, S. Dagnello: p. 220.

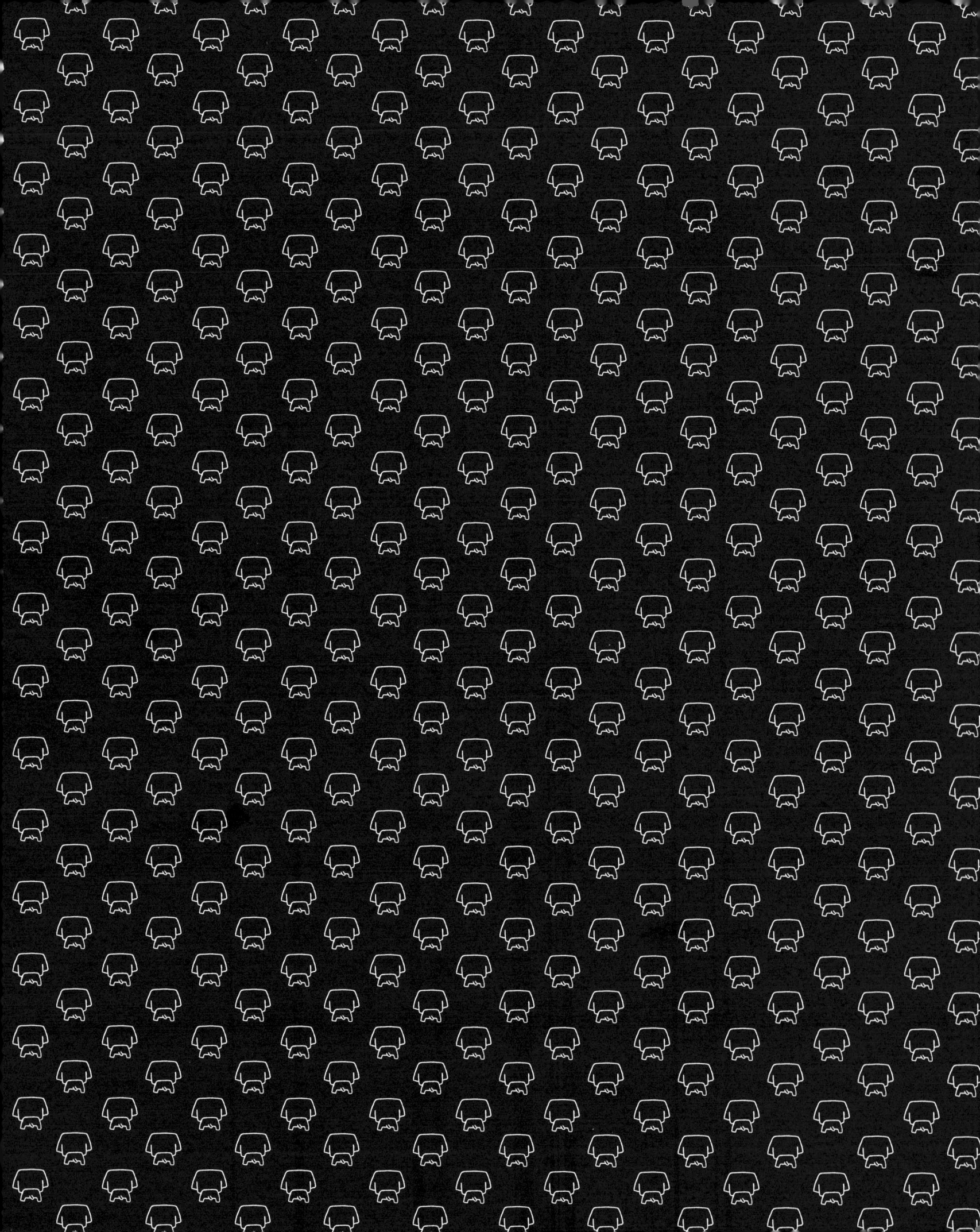